前往冰與雪的大地

在距離日本南方約一萬四千公里處，有一塊被冰與雪覆蓋的白色大陸。現在，南極觀測船就要前往那科學的邊境！

影像提供／日本國立極地研究所

南極觀測船「白瀨號」

▲這是日本唯一的一艘南極觀測船，負責運送觀測隊與物資前往南極大陸。船上配備音波觀測器，利用音波觀測海底地形，對於調查南極周邊的海底地形頗具貢獻。

影像提供／日本國立極地研究所

◀ 航向南極途中會遭遇到不少險隘，其中之一是橫跨南緯四十度到六十度的暴風圈。海象惡劣時，船身會傾斜將近三十度，感覺就像在主題樂園玩遊樂設施一樣。

極地地貌交織出的藝術

被冰雪覆蓋的南極大陸面積約為日本列島的 37 倍，陸地上的自然景緻令人嘖嘖稱奇！

冰床

覆蓋南極大陸的冰床是雪降至地面後，經年累月所結成的冰。冰床的最高處超過富士山的海拔高度（**3776m**）。

影像提供／日本國立極地研究所

▼ 直徑 5 ～ 30mm 的雪球是強風將雪結晶吹起後在雪地上滾動，逐漸形成的。

影像提供／日本國立極地研究所

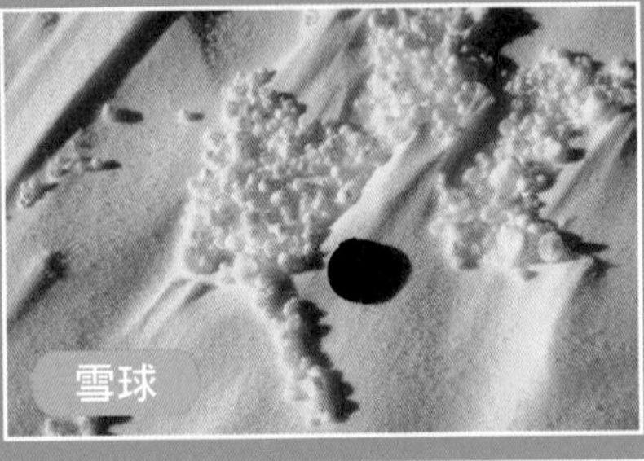

雪球

▼ 位於南極羅斯島的活火山，在冰與雪圍繞下噴出白煙的光景令人驚嘆。

埃里伯斯火山

影像提供／日本國立極地研究所

永晝

南極的夏天，太陽一整天都在地平線上。利用連續拍攝功能拍下照片，可以看到太陽由西向東沿著地平線移動的模樣。

影像提供／日本國立極地研究所

海豹

海豹是棲息在全世界最南端的哺乳類，全身覆蓋一層毛與厚厚的皮下脂肪，具有絕佳的禦寒效果。

南極發草

▲在充滿酷寒與暴風雪的嚴苛環境下，少數自然生長的高等植物之一。

影像提供／日本國立極地研究所

動植物的生態

南極是最低氣溫達攝氏零下九十度的極寒之地，在這塊人類無法生存的大陸上，這些生物適應了嚴酷的氣候條件，成為這塊大地的主人。

阿德利企鵝群

阿德利企鵝棲息於南極大陸以及其周邊地區。每年夏天企鵝們會上岸，在岸邊岩場停留，準備孵育下一代。有時十幾萬隻企鵝會聚集在一起形成「聚落」，共同繁衍生命。

極光

極光是太陽風與地球的磁力、大氣相互作用產生的自然現象，觀察極光可了解地球周邊的宇宙變化。

通向宇宙之「窗」

影像提供／日本國立極地研究所

許多觀測唯有在「南極」才能成立，讓人類發現更多宇宙的奧祕。

影像提供／日本國立極地研究所

隕石

隕石是人類解開宇宙歷史的重要線索，在南極可發現許多保存狀態良好的隕石。

影像提供／日本國立極地研究所

◀飛入外太空的火星岩石在墜入地球表面後，成為「火星隕石」。

哆啦A夢科學任意門

DORAEMON SCIENCE WORLD

勇闖南極冒險號

哆啦A夢科學任意門

勇闖南極冒險號

目錄

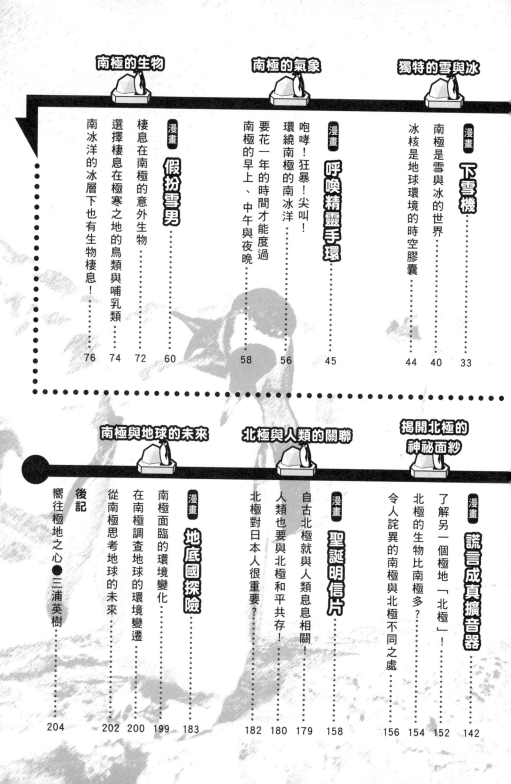

關於這本書

這是一本可以一邊閱讀哆啦A夢漫畫，一邊學習最新科學知識，一次滿足兩種需求的書籍。

本書先以漫畫點出科學主題，再進一步解說相關原理。其中也包含艱澀難懂的科學理論，但我們根據各種研究結果，盡可能以淺顯易懂的方式解說，希望能讓大家充分了解南極的點點滴滴。

南極位於遙遠的南方，地表覆蓋著一層厚厚的雪與冰，最低溫度可以低於攝氏零下八十九度、平均風速達每秒二十公尺。由於氣候嚴苛超乎人類想像，不僅過去從未有人類居住，更是許多探險家喪失寶貴性命的極寒大陸。如今南極大陸仍有許多未解之謎，為了解開謎題，近年來世界各國紛紛進駐南極大陸進行各種研究。

日本也在自己的觀測據點昭和基地從事各種觀測與研究，有助於掌握地球的環境變化，解開宇宙之謎。

本書是由日本極地研究所的根據地「日本國立極地研究所」協力編纂與審訂，看完本書，各位就能了解南極的整體樣貌，希望能讓更多人關心這塊人類較少踏足的淨地。

※未特別載明的數據資料皆為二〇一七年三月的資料。

這太誇張了!!
ゴオオオ
奇怪!?應該沒有雪崩的效果啊!

海市蜃樓燭台

天氣變得好熱喔！
如果到海邊游泳一定會很舒服吧！
好想去喔！
可是媽媽一定不會讓我們小孩子自己去！
我想也是。
我可是隨時都能去喔！有「任意門」就行了。
哇啊，好好喔！
也帶我們一起去吧！
拜託你。
這樣啊……
那你們一起說聲「大雄，謝謝你」。
大雄，謝謝你。
還有，大家各自準備一些點心到海邊吃，我想那樣一定可以玩得很開心。
我會帶些東西去的。
可惡，被他抓住把柄了。

哆啦A夢~
什麼嘛，已經拿出來了啊！
※咚咚
※碰磅
哎呀~真是糟糕。
因為天氣太熱，我跑到南極去，結果門卻弄壞了。
我剛剛還在擔心如果回不來，該怎麼辦。哎呀~當時真是好緊張了……
你是說…「任意門」不能用了嗎？
得拿去修理才行。
嗚哇~~那我該怎麼辦？

Q

「冰床」指的是覆蓋在地表上的大型冰層，目前全世界只有南極有冰床。這是真的嗎？

A 假的。除了南極之外，格陵蘭也有冰床。

我一定會被大家罵慘的。
誰叫你要自作主張答應他們。
不曉得這個能不能幫你……
「海市蜃樓燭台」。
去拿根蠟燭來。
海水浴跟蠟燭…
有什麼關係啊？
咦？為什麼把窗戶都關起來啊？
點上蠟燭。
握著燭台…
回想剛剛在南極看到的景色…

Q 地球有地球磁場，南極是N極、北極是S極，且磁極可以逆轉。這是真的嗎？

啊，漸漸亮起來了……
好像看見什麼了…
哇啊！是南極耶！
那裡有企鵝耶！
房間的大小還是原來的樣子喔。
ゴツン
※碰咚
被牆圍起來了。
可是，應該有感受到那個氣氛吧？很涼爽吧？
你要我拿這個讓他們看海嗎？
沒錯。

A 真的。在地球的漫長歷史中，地球磁場曾多次逆轉。最近一次的地磁逆轉出現在七十七萬年前。

回想海邊的景色…
※撤啦
※撤撤撤
砂子感覺有點燙。
海水也很涼爽喔！
大雄我們來囉！
好棒喔！
哇啊！
跑太遠會撞到喔！
※敲敲
我游得很快吧？
游超過三公尺外，很危險喔！
※敲

這海還真危險呢！
我們來吃點心吧！
我來剖西瓜。
啊，那裡有我的棉被。
パ
カ
※裂開
啊，蠟燭快燒完了……
今天到此為止。
啊啊，怎麼吃得滿地都是啊？
是誰在海裡偷尿尿？

因為天氣太熱，
我跑到南極去，
結果門卻弄壞了。

南極是個什麼樣的世界？

地球自轉軸位於南端的稱為南極點，以南極點為中心的地區就是南極。南極有一塊比澳大利亞大陸還大的南極大陸。人類很難進入這塊極寒之地，如今仍有許多謎題等待人類解開，更有很多珍貴的研究標的等著人類仔細研究。

哇啊！是南極耶！

▲除了部分地區之外，南極大陸的氣溫一整年都維持在攝氏零度以下。如果沒有哆啦A夢的祕密道具，一般人很難到達。

南極地圖

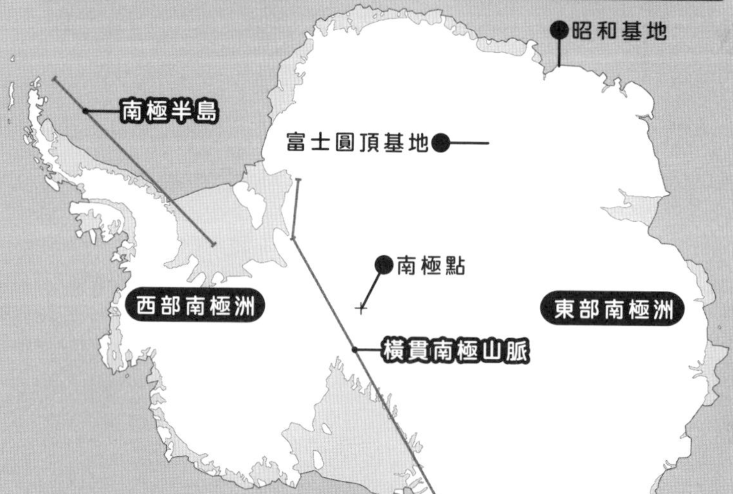
昭和基地
南極半島
富士圓頂基地
南極點
西部南極洲
東部南極洲
橫貫南極山脈

▼各界對於南極的範圍眾說紛紜，包括南極大陸與周邊島嶼、南緯60度以南、南極圈（南緯66.33度以南）等，目前尚未有定論。

南極周邊全域
非洲大陸
南美大陸
南極圈
澳大利亞大陸

面積約為日本的37倍

南極大陸的面積約為13,875,000km^2，以相同的比例尺比較南極與日本列島，即可看出南極大陸的面積有多大。

插圖／加藤貴夫

南極是一個超過九成七的地表都被冰雪覆蓋的極寒世界

提到南極，不少人聯想到的都是一座超大型冰山，但事實上並非如此。這是因為南極大陸超過九成七的地表覆蓋著一層厚厚的雪與冰，才會看起來像是一座冰山。冰層厚度平均為一千八百五十六公尺，最厚的地方達四千七百七十六公尺。

這層覆蓋在廣闊地表的厚冰稱為冰床，南極冰床從三千萬年前即已存在，不斷的擴大和縮小，直到今天的模樣。這塊巨型冰床可說是地球的冷源，影響地球氣候甚鉅。

影像提供／日本國立極地研究所

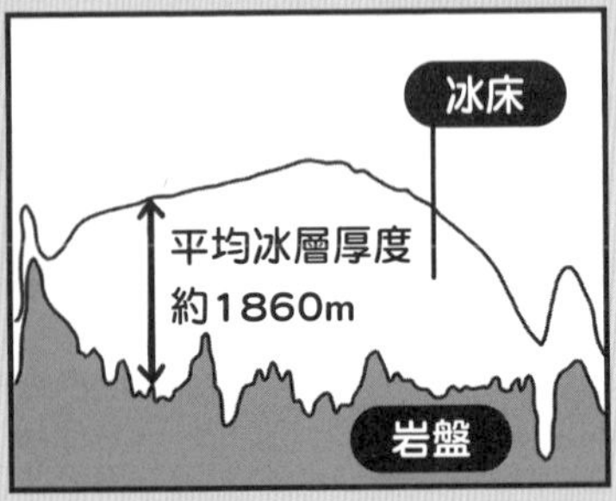
冰床
平均冰層厚度
約1860m
岩盤

▲厚厚的冰床。科學家認為，冰的重量將南極大陸往下壓。

插圖／佐藤諭

南極有山脈、活火山以及超過兩千五百公尺的冰河溝谷

南極大陸有不少高達三千到四千公尺的高山，包括標高四千八百九十二公尺的最高峰文森山，以及埃里伯斯火山、柏林山等活火山。這個現象告訴我們，南極也跟其他大陸一樣是有生命的。另一方面，南極也有位於海平面以下兩千三百五十公尺、世界上未被液態水覆蓋的最低點，名為本特利冰河下溝谷。南極並非表面平坦的冰雪世界，冰床下隱藏著地貌豐富、令人驚豔的大地。

▲火山口至今仍不時噴著煙的活火山「埃里伯斯火山」。

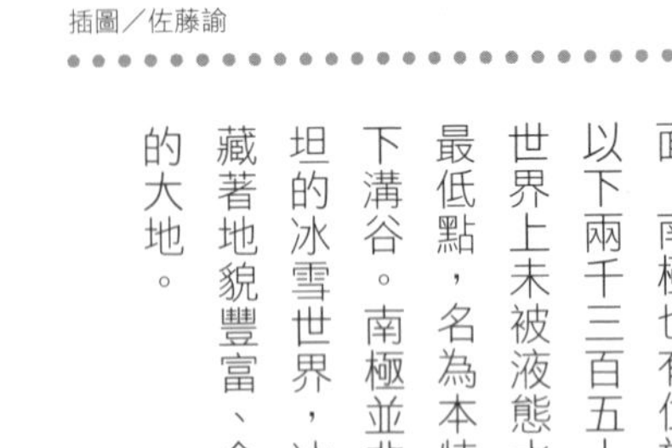

影像提供／日本國立極地研究所

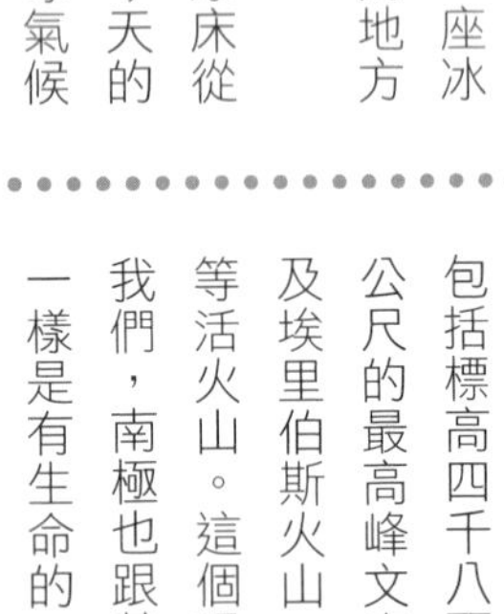
西部南極洲
★

◀本特利冰河下溝谷位於西部南極洲以★標註的位置。

插圖／加藤貴夫

厚厚的冰層下有著什麼樣的世界？

左圖是去除冰床後，南極大陸原有地貌的地形圖。這是根據人造衛星測量的冰床高度，與各國南極觀測隊利用測冰雷達在南極各地測得的冰層厚度等數據，從各數據的高低差計算出地表高度而製作出的地形圖。

從這張圖可以發現，南極大陸的西邊有一大片土地比海平面低。西部南極洲這些低於海平面的地方，厚厚的冰層堆積成冰河，令人不禁猜想，若冰層融化，南極大陸的面積是否會變小？不過，答案似乎是否定的。依照目前最有力的說法，南極大陸被層層冰床壓著，一旦冰層消失，大陸就會往上浮起，面積反而會比現在大。

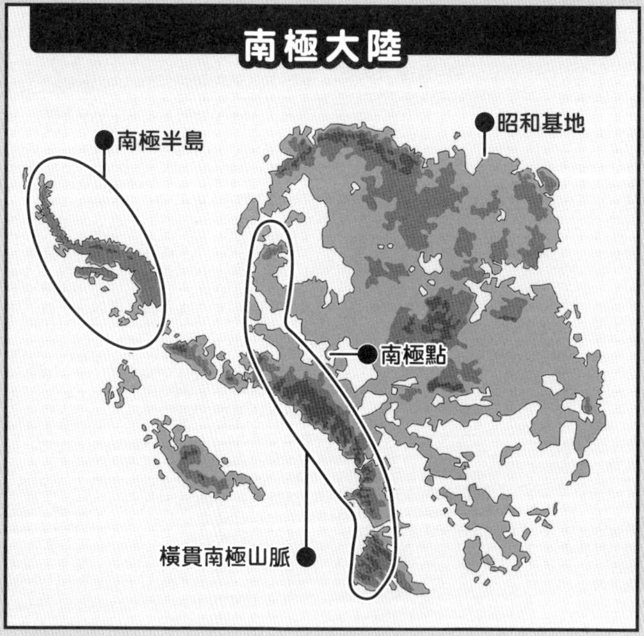

插圖／加藤貴夫

特別專欄

南極是全世界唯一沒有國境的大陸

受到酷寒氣候影響，過去南極大陸幾乎無人居住，直到20世紀中葉以後，許多國家紛紛進駐南極進行觀測。為避免造成國際紛爭，1959年反對擴張領土競爭的國家提倡和平利用南極的理念，簽署《南極條約》。從此以後，南極洲成為各國齊心合作從事科學調查、全世界唯一沒有國境的大陸。

影像提供／日本國立極地研究所

哇啊！
是南極
耶！

地球上的淡水約九成儲存於南極

南極大陸上的冰層量高達兩千五百四十萬立方公里！

誠如先前所說，南極冰床的厚度平均為一千八百五十六公尺，面積達一千三百八十八萬平方公里。若換算成體積，相當於兩千五百四十萬立方公里。這個數字約為地球上所有淡水量的九成。換句話說，南極可說是地球的淡水水庫。

順帶一提，橫貫南極山脈東邊與西邊的冰層厚度不同，西部南極洲平均比東部南極洲厚一千公尺，這與西部南極洲冰床下的岩盤幾乎都在海平面下有關。

插圖／佐藤諭

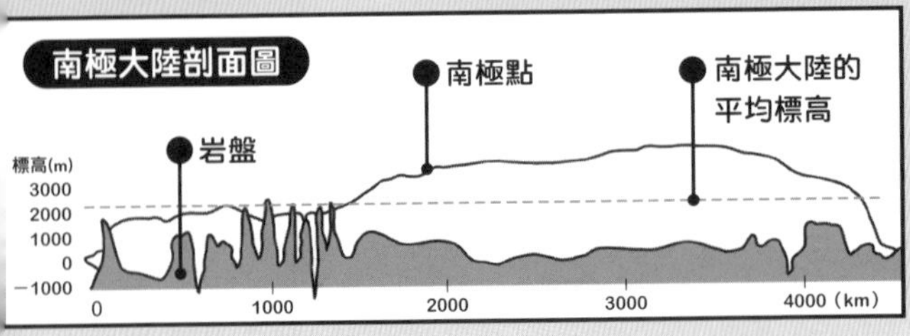
南極大陸剖面圖
岩盤
南極點
南極大陸的平均標高
標高(m)
3000
2000
1000
0
−1000
0
1000
2000
3000
4000 (km)

最大風速約每秒九十公尺！南極風勢為何如此劇烈？

南極大陸上吹的風十分劇烈，最大風速約有每秒九十公尺，這在其他大陸可說是難以想像。相信有些讀者曾在電視上看過，暴風雪捲起雪與冰晶的模樣。

南極冰床的地形就像倒扣的碗，相當特別，當低氣壓接近就會吹起強勁的風。沉重的冷空氣進入地勢較高的內陸地區後，沿著平坦斜坡往海岸迅速吹拂，在此情形下形成的強風稱為「下降風」。

影像提供／日本國立極地研究所

暴風雪

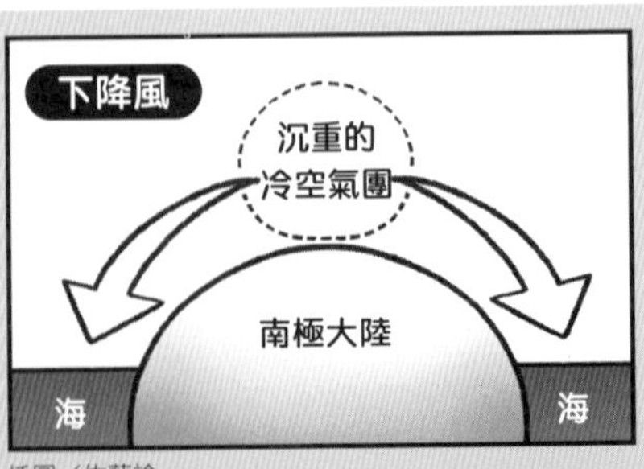
下降風
沉重的冷空氣團
南極大陸
海
海

插圖／佐藤諭

最低氣溫達攝氏零下八十九點二度！為什麼南極洲這麼冷？

科學家在東部南極洲內陸地區的俄羅斯沃斯托克站（標高三千四百八十八公尺）測量到攝氏零下八十九點二度的氣溫，創下觀測史上在地表記錄的最低氣溫。地球上沒有任何地方比南極冷。話說回來，南極為什麼會這麼冷？最大的理由有以下三點：第一個理由是陽光照射的角度。如上圖所示，越接近極地，陽光照射到的地表範圍越廣，熱能自然會被分散。

第二個理由是南極洲有冰床。太陽光照射至地面後，卻有八至九成的陽光被白色的冰反射回去。

最後一個理由則是南極大陸平均海拔高度約為兩千公尺。海拔高度每上升一百公尺，氣溫就會下降攝氏一度。上述理由加總在一起，正是海拔高度比平均高度高的內陸地區，創下有史以來最低氣溫的原因。

插圖／佐藤諭

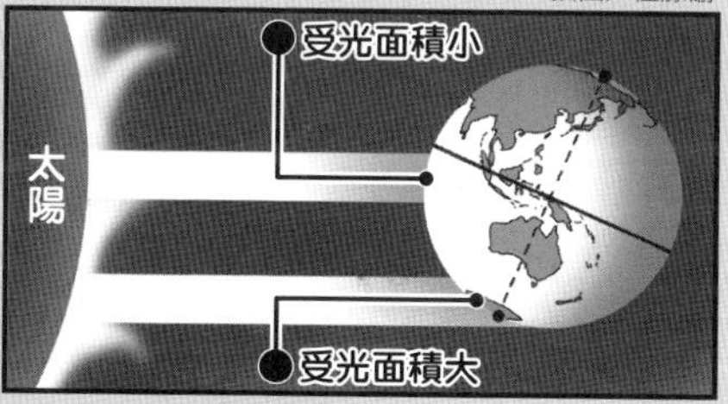

▶在太陽光等量的情形下，受光面積越大，熱能越會分散，不容易聚熱。

全年平均氣溫之比較

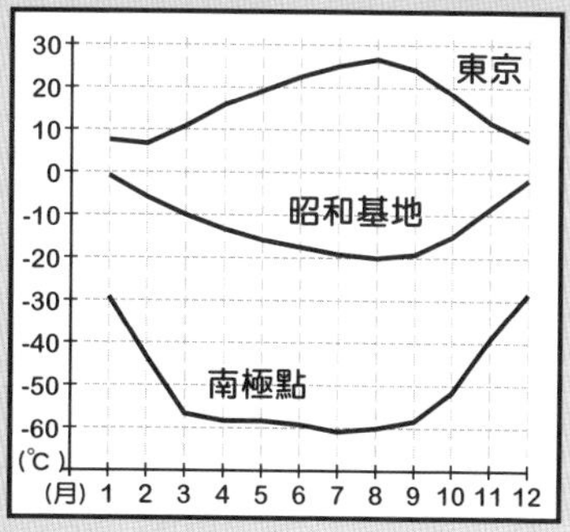

▼海面容易吸收陽光，持續照射就會變暖；冰會反射陽光，不易聚熱。

插圖／佐藤諭

特別專欄

地球暖化使南極冰床變厚？

以前科學家很擔心地球暖化會使南極的冰全部融化，但現在大多數科學家認為，地球暖化反而會使冰床變厚。南極和沙漠一樣，屬於降雨量極少的地區。當地球暖化使海面溫度上升，就會生成雨層雲，增加南極大陸的降雨量，這些降雨最後會形成新的冰床。

◀無論如何，南極的自然環境將會產生劇烈變化。

插圖／佐藤諭

南極有四種「極」

說到南極的「極」，相信各位第一個想到的應該都是地理上的南極點。事實上，南極洲共有四個極點。

究竟是哪四「極」？接下來就為各位解說這四個極點的成因與特徵。

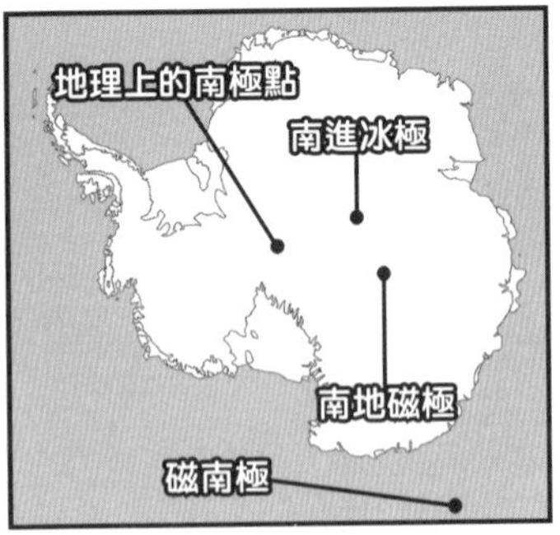

地理上的南極點

地球自轉軸與地球表面共有兩個焦點，地理上的南極點為其中之一。地理上的南極點並非不變，而是會隨著板塊的移動相對於天球的位置而稍有偏移。由於南極點是人類設置的標誌，因此每年必須配合地軸和冰床移動重新修正。

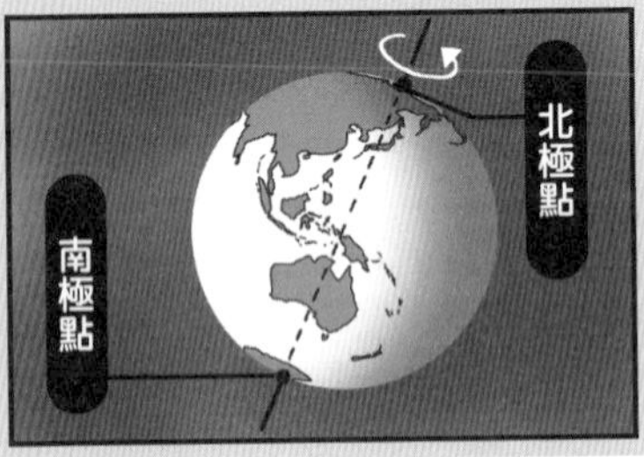

插圖／佐藤諭

磁南極

隨著磁場轉動的指南針垂直向上的點稱為磁南極。二〇一五年的磁南極在南緯六十四度十八分、東經一百三十六度三十六分，每年以十公里的速度朝北移動。

南地磁極

與實際的磁極不同，南地磁極是以地球整體磁場分布來計算，為了方便而訂定的極點（位於北極的稱為北地磁極）。由於這是計算出來的磁軸，因此南極與北極的極點和地球中心點形成一直線。

南進冰極

離南極大陸所有海岸線最遠的內陸地區稱為南進冰極（難以進入的極點），位於南緯八十二度八分、東經五十四度五十八分，可以說是自然環境最為嚴酷的地方。

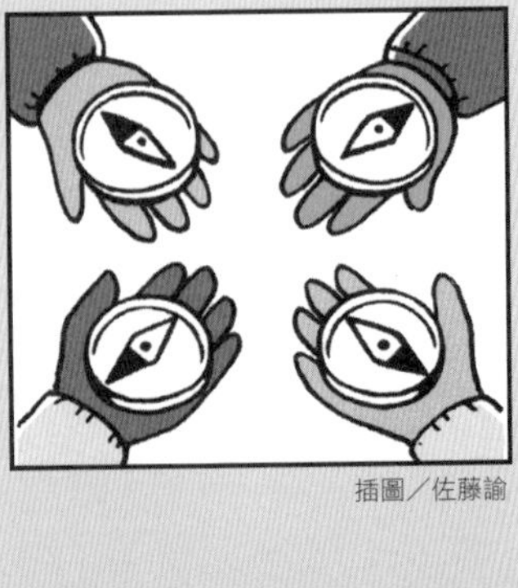

插圖／佐藤諭

即使沒下雪也能滑雪

春天了。
不知不覺春天就來了……
本來我還在想……
今年一定要學會滑雪，誰知還沒學會春天就已經來到了。
你根本就沒去練習啊。
早知道就多練習滑雪了。
這樣下去，我這輩子永遠都學不會滑雪!!
真是的……
「隨時滑雪帽」。
只有戴上帽子的人，才看得到雪。
不只看得見，還可以摸得到，甚至能滑雪！
把轉盤……轉到十公分。
你戴看看。

Q

澳洲的固有生物原本誕生於非洲，後來從南極遠渡澳洲。這是真的嗎？

A 真的。在古生代，澳洲、南極洲與非洲是一塊相連的大陸。各大陸分裂後，在澳洲的生物發展出獨特的演化過程。

※戴上
スッ
地上真的積了十公分厚的雪耶！
一脫下來……
雪就不見了。
到空地去，再戴上帽子……
就可以練習滑雪了。
藤子スタジオ
櫻花都開了，真是個大白痴！
調五十公分吧！

好厚的雪。
可是沒有滑雪桿耶…
你技術這麼差，一開始不好好練習走路是不行的……
練習走路根本沒意思，會練不下去啦。
理由還真多耶……
「斜坡搖桿」。
將搖桿往前壓……
路就會變下坡。
真的可以滑耶！
一開始先試不陡的坡道比較好！

Q 標高四千八百九十二公尺的文森山是南極洲最高峰，至今尚無人成功攻頂。這是真的嗎？

A 假的。一九六六年十二月十七日，美國登山隊首次攻頂成功。

靜香，妳好啊…
?
?
※摔倒
帽子掉了，雪就跟著消失。
也給靜香吧！
帽子和滑雪板。
兩個人快樂的練習吧！
※滾、滾、滾
※滾、滾、滾

反正冬天又不是不會來……
明年再練習吧。
你這樣說，永遠都學不會喔……
明年我一定會練習的。
咦……這不是大雄和靜香嗎!?
怎麼會浮在半空中!?
為什麼你們能浮在半空中!?
快說！
囉嗦的傢伙出現了。
把雪的厚度調高一點。
去欣賞街道的雪景吧！
看不見了。
喂，大雄。

勇闖南極冒險號Q&A

Q

南極洲麥克默多乾燥谷曾挖出多具動物乾屍，請問是哪一種動物？①企鵝 ②海豹 ③鯨魚

屋子都被埋在雪裡面了耶！
我還是第一次看到這種景色。
他們越過屋頂走了……
那頂帽子一定有問題……
把它搶過來！
但是，要怎麼搶咧……
去騙哆啦A夢吧！
球掉到屋頂上了，可以借我到高處的道具嗎？

A ②海豹。麥克默多乾燥谷屬於低溫乾燥地帶，因此屍體不易腐化。不過，科學家仍未釐清那裡有多具海豹乾屍的原因。

拿到「傑克的豌豆」了…
會馬上長出樹根……
找到了!!
※丟下
ポト
ムクムク
※長出
※拿走
※摔落
ドサ
喂！
只要調整轉盤，雪就會變高。
哇，整個地球都被雪埋起來了耶！
那邊那個是東京鐵塔的尖端吧！

勇闖南極冒險號Q&A

Q

近年來冰床迅速減少的是哪個地區？①橫貫南極山脈 ②南極半島

A

②南極半島。為南極最溫暖也是觀光船停泊的地方。但最近出現大規模冰棚崩塌事件，目前仍在研究是否與地球暖化有關。

被搶走了!?
幫我去搶回來。
算了，暫時先不要管他們。
為什麼？
雪景也已經看夠了。
差不多該回家了。
但是……
雪要是不消失的話，就回不了家。
雪足足有兩百多公尺厚耶，怎麼消失啊!?
怎麼辦？救命啊！

櫻花都開了，真是個大白痴！

太古時代南極位於赤道下方

東部南極洲在古生代是岡瓦那大陸的一部分

距今超過四億年的古生代，赤道附近有一塊幅員遼闊的岡瓦那大陸，是由東部南極洲與現在的非洲、南美洲等大陸所形成的。後來大陸逐漸分裂，慢慢移動到現在的位置。

插圖／加藤貴夫

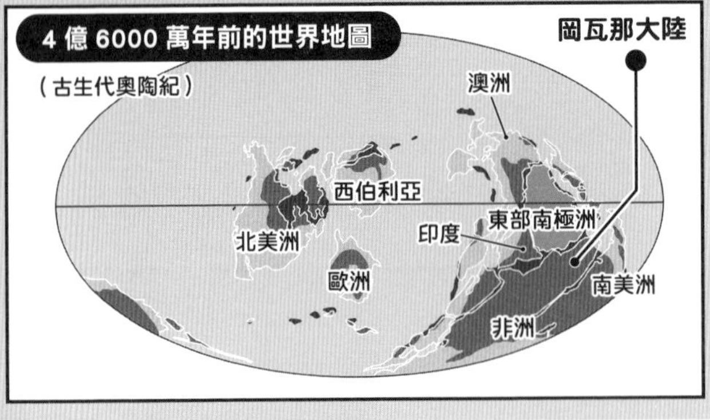
4 億 6000 萬年前的世界地圖
（古生代奧陶紀）
岡瓦那大陸
澳洲
西伯利亞
東部南極洲
印度
北美洲
歐洲
南美洲
非洲

好厚的雪。

▲東部南極洲原本在無雪無冰，氣候溫暖的赤道下方，真令人不敢置信。

南極大陸也曾挖出恐龍化石？

證據顯示，東部南極洲過去曾與其他現今距離十分遙遠的大陸連在一起。古生代二疊紀的蕨類植物、中生代三疊紀的單弓類動物等，這些曾在非洲與印度挖掘出的化石，也都曾在東部南極洲出土。

此外，南極也曾經挖出過恐龍化石。那是頭上有個奇特冠狀物的肉食恐龍化石，科學家根據其外形取名為冰脊龍（頭上有冰凍的角的大蜥蜴）。

插圖／加藤貴夫

冰脊龍

棲息於中生代的肉食恐龍，是在橫貫南極山脈標高四千公尺處的地層找到的。

南極大陸的移動

3 億 6000 萬年前（古生代泥盆紀）

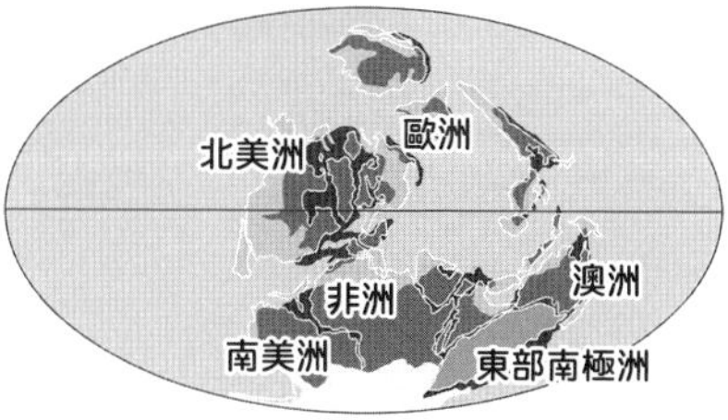

原本位於赤道下方的東部南極洲，花了一億年的時間慢慢往南方移動。此時岡瓦那大陸的最南方開始覆蓋冰層。

1 億 9500 萬年前（中生代侏儸紀）

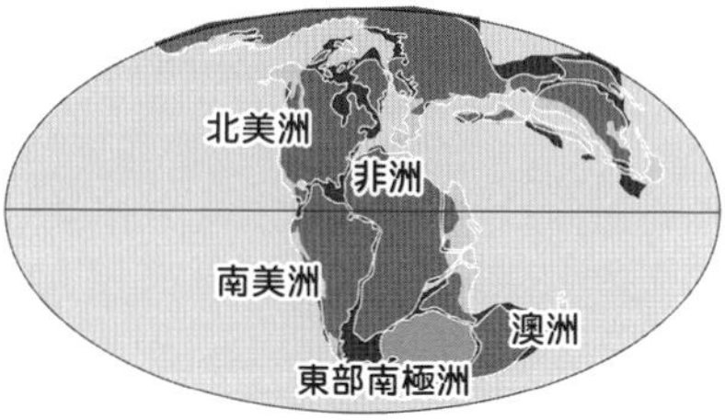

岡瓦那大陸與北美洲相連的盤古大陸再次分裂，此時東部南極洲氣候溫暖，有許多恐龍棲息。

6600 萬年前（中生代白堊紀）

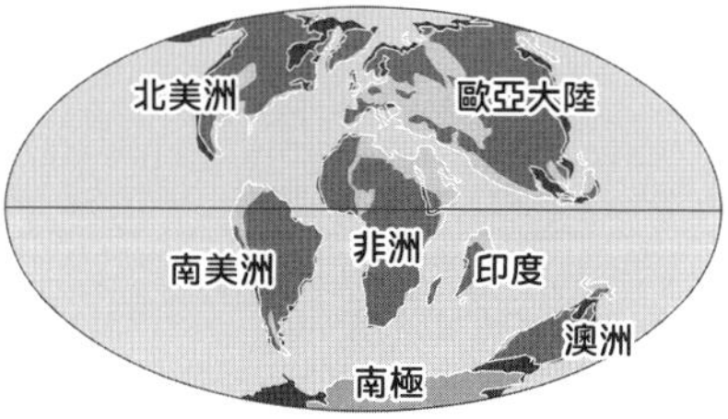

印度往北移動，澳洲與南極開始分裂。大約 3000 萬年後，南極來到現在的位置，成為獨立存在的大陸。

插圖／加藤貴夫

影像提供／日本國立極地研究所

東部南極洲與西部南極洲的形成過程截然不同

東部南極洲過去曾是岡瓦那大陸的一部分，西部南極洲則是在不同時代由數座小島匯集而成。後來這些小島與東部南極洲撞在一起，形成了現在的南極大陸。橫貫南極山脈則是分隔東西兩邊南極洲的分水嶺。

特別專欄

在南極找到與印度一樣的礦物

南極與印度擁有相同礦岩，這一點證實了東部南極洲曾是岡瓦那大陸的一部分。昭和基地附近挖出的岩石，與印度一帶的岩石相似度極高。在南極洲挖出的岩石包括了藍寶石、紅寶石等斯里蘭卡（位於印度東南方的島國）聞名的稀有礦物。

◀在南極洲挖出的紅寶石礦物。

影像提供／日本國立極地研究所

好厚的雪。

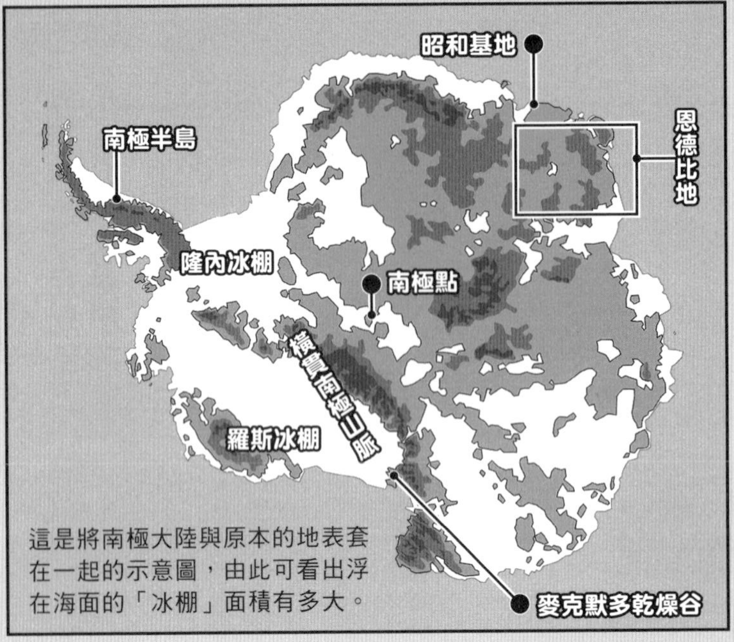

昭和基地
南極半島
恩德比地
隆內冰棚
南極點
橫貫南極山脈
羅斯冰棚
麥克默多乾燥谷

這是將南極大陸與原本的地表套在一起的示意圖，由此可看出浮在海面的「冰棚」面積有多大。

插圖／加藤貴夫

影像提供／日本國立極地研究所

5003

鑿開海冰前進的破冰船

冰床流到海面上 形成巨大冰棚

冰床流到海域時，與大陸上冰床相連的部分稱為「冰棚」。而破冰船能夠鑿開以便前進的是由海水所結成的薄冰，是為海冰。與冰棚不同。

南極最乾燥地點 麥克默多乾燥谷

南極降雨量很少，麥克默多乾燥谷是整個南極最乾燥的地方。此處幾乎不下雪，地表與岩石全都裸露在外。岩石外露的地區有許多湖與沼，生長著少許藻類。對生物來說，此處就像綠洲一樣。

麥克默多乾燥谷

影像提供／日本國立極地研究所

在恩德比地可觀察三十八億年前的岩石「內皮爾雜岩」

恩德比地
可觀察內皮爾雜岩的太古地質

南極是由非常古老的地質建構而成的，恩德比地裸露在外的岩石是大約三十八億年前的內皮爾雜岩。內皮爾雜岩是在高溫高壓下形成，誕生於四十六億年前，有助於釐清地球形成初期的樣貌。

南極半島也成為觀光勝地

如果不是觀測隊員，只是普通老百姓，是否也能前往南極？事實上，在相對溫暖的夏季，一般民眾也可以前往南極半島觀光。能夠近距離觀賞企鵝與海豹的旅遊行程，十分受民眾歡迎。

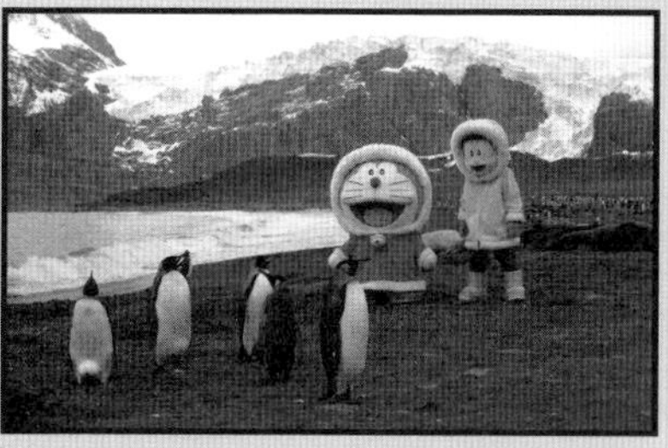

◀哆啦A夢與大雄也登上南極半島，遇見了可愛的企鵝。

攝影／Kaz

南極是礦物資源的寶庫！不過不允許開採

左圖是南極岩石裸露地區的主要礦物資源分布圖，此處有不少稀有礦物，令人驚訝。由於大部分的地表位於冰床下難以探勘，世界各國幾乎都沒有深入研究。可以確定的是，曾是岡瓦那大陸一部分的東部南極洲地底藏有許多與印度、非洲相同的礦物資源。為了顧及環保，南緯六十度以南的礦物資源（除學術目的）禁止開採。相信未來一段時間內，人類還是不會在南極大興土木，開發資源。

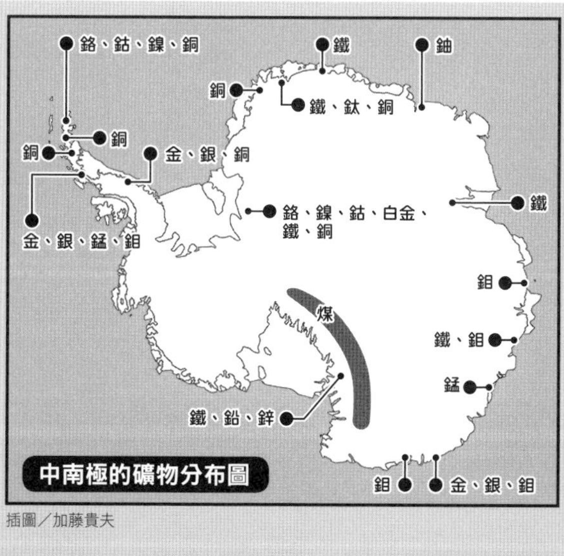
鉻、鈷、鎳、銅
鐵
鈾
銅
鐵、鈦、銅
銅
銅
金、銀、銅
金、銀、錳、鉬
鉻、鎳、鈷、白金、鐵、銅
鐵
鉬
煤
鐵、鉬
錳
鐵、鉛、鋅
鉬
金、銀、鉬

中南極的礦物分布圖

插圖／加藤貴夫

南極冰床下有液態湖？

看不見了。
喂，大雄。

冰床下四公里處有一座比日本琵琶湖還大的大型淡水湖

在南極進行地質調查一定要有測冰雷達，這是利用電磁波碰到物體後反射的時間與強度，調查冰床內部與岩盤資訊的雷達設備。目前已證實，冰床下確實存在著液態水。冰的重量所帶來的壓力，可使冰床底部的冰融化。此外，冰床下方岩盤中所含的熱源物質（放射性同位素）釋放出來的熱，也會使得冰床底部融化。這就是冰床底下有液態湖的原因。

目前科學家已在南極發現三百七十九座冰下湖，最有名的是位於南緯七十七度、東經一百零五度附近，長兩百四十公里、寬五十公里的沃斯托克湖。這座湖比日本琵琶湖大二十倍以上，十分遼闊。

冰下湖分布圖
插圖／加藤貴夫

▲ 幾乎所有冰下湖都集中在東部南極洲。

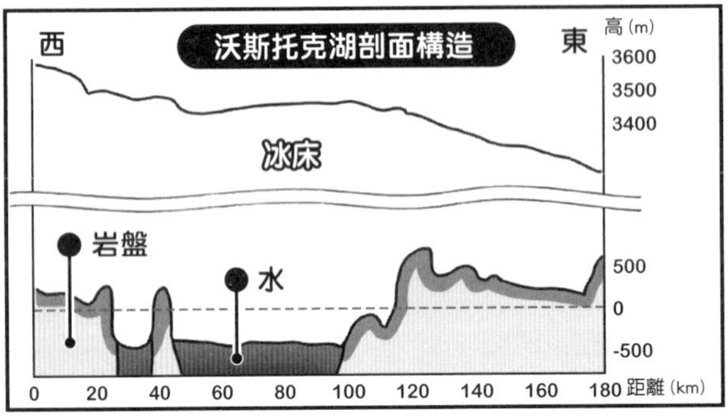
沃斯托克湖剖面構造
西
東
高 (m)
3600
3500
3400
冰床
岩盤
水
500
0
-500
0
20
40
60
80
100
120
140
160
180
距離 (km)
插圖／佐藤諭

冰下湖彼此相連？

根據人造衛星的觀測，發現當某座湖上方的冰降低，遠方湖上的冰就會隆起。證實冰下湖並非獨立存在，至少有幾座湖的水脈彼此相連。

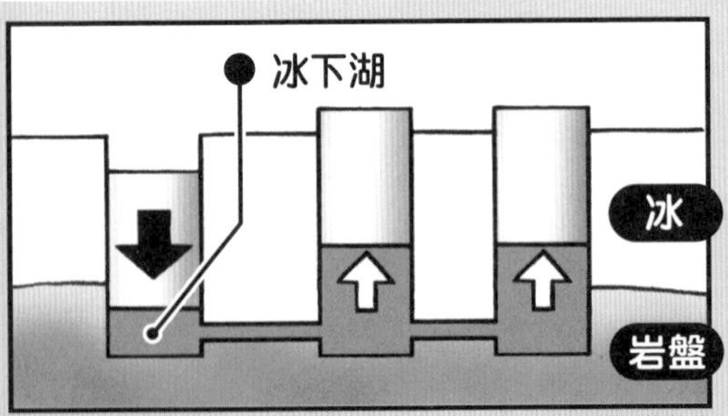
冰下湖
冰
岩盤
插圖／佐藤諭

下雪機

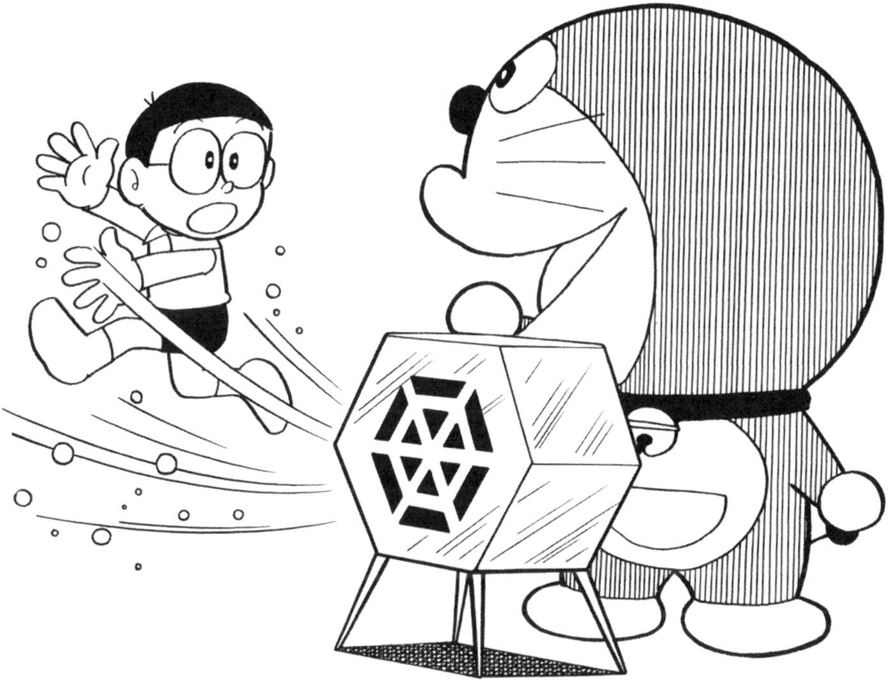

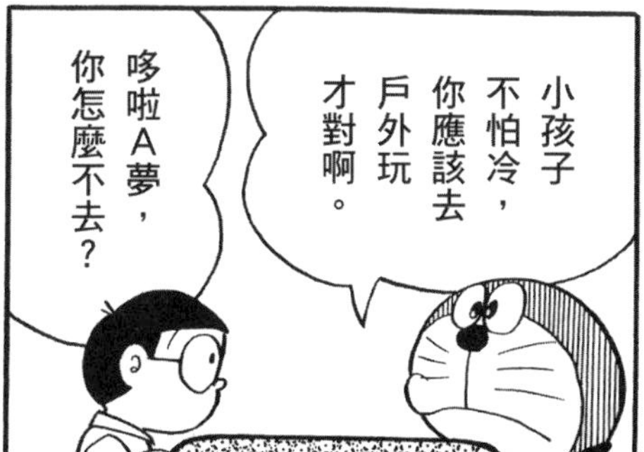
小孩子不怕冷，你應該去戶外玩才對啊。
哆啦A夢，你怎麼不去？

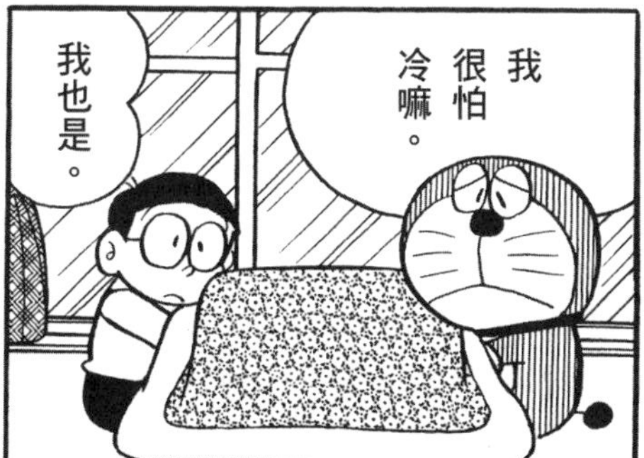
我很怕冷嘛。
我也是。

Q 日本也有冰河。這是真的嗎？

※撤啦

チラ
是雪耶。
來堆雪人吧！
雪一下子就停了。
原來如此，
只要下雪你就肯去外面玩嗎？
那是什麼？
「下雪機」。
一點也不冷耶。
因為這是人工雪花。
也不會融化喔。

A 真的。過去認為堪察加半島以南的地區沒有冰河，但二〇一二年證實了日本的立山連峰有冰河的存在。

既然不會融化，那在家裡積雪吧！
ビュウ
※咻～
雪越積越厚了呢！
來堆雪人吧！

把家裡變成冰宮吧！
反正媽媽也不在。
可是……
萬一媽媽回來我會被罵耶。
用上這個超級吸塵器，五分鐘就能清乾淨了。
下雪吧！下雪吧。
下越多越好。
用雪把房子覆蓋起來。
喂～～各位～
一起去冰宮玩吧。

Q 訂定南極圈範圍在南緯六十六度三十三分以南的原因是什麼？①冰層厚度 ②氣溫 ③日照時間

A ③日照時間。由於南緯六十六度三十三分以南地區，夏季才有「永晝」（太陽不西沉）現象，因此將此範圍劃定為南極圈。

※噠啦
哇—
好厲害。
好好喔。
我們在走廊做了滑雪道。
好棒喔。
※咻、咻～

搭乘纜車去二樓吧。
這裡是打雪仗的房間。
在屋頂上做高塔吧！
好啊。
咦？「下雪機」不見了。
※噗咻
我要做一個更大的冰宮。

勇闖南極冒險號Q&A

Q 以前整個地球都像南極一樣，地表覆蓋著冰。這是真的嗎？

A 真的。此現象稱為「雪球地球」。科學家認為過去至少發生過兩次（約七億年前與二十二億年前），導致生物大量滅絕。

小夫把下雪機拿走了。
救……命……啊……
我不知道該怎麼讓「下雪機」停下來。
小夫！媽媽絕對饒不了你！

南極是雪與冰的世界

影像提供／日本國立極地研究所

◀▲日本無論下多大的雪，積雪也不過幾公尺。南極冰床的厚度真的很驚人。

厚厚的冰床是如何形成的？

南極冰床是從大約四千到三千六百萬年前開始形成，並且在大約三千萬年前覆蓋南極大陸的大部分地區。

南極全年降雨量不到兩百公釐，約為東京的十分之一。儘管如此，卻能形成平均厚度一千八百六十公尺的冰床。這是因為南極終年氣溫都相當低，即使是夏天，氣溫也不會超過攝氏零度的緣故。降下來的雪與冰晶（空氣中的微塵與水蒸氣結凍後形成的微小冰晶體）並不會融化，而且會持續的累積在地面上。

積雪受到本身與新雪的重量長期往下壓，漸漸的就會壓縮成冰。每年都重複著這樣的過程，便形成了厚厚的冰床。此外，冰床厚度與面積並非固定，會隨著地球氣候變遷改變，因此過去幾千年來不斷變大或縮小。

雪與冰晶落在冰床上，不僅不會融化，還會持續累積。

積雪受到新雪重壓凝固，結成冰。

長久以往下來，冰床就會越來越厚。

厚重冰床會流動！流動速度較快的地方稱爲冰流

冰床不會一直待在同一個地方越積越厚。受到重力影響，冰床會變形，成為類似麥芽糖的黏性物質，在岩盤與砂土上滑動，慢慢往低處流（請參照第四十二頁圖示）。此流動過程稱為「冰床流動」。

關於全年的冰床流動距離，大陸中央一帶每年約五公尺，斜坡處五到一百公尺，沿海地區流動最快的地方達二到三公里。由於地形會影響流動速度，才會出現五到一百公尺如此大的差距。流動速度最快的地方稱為「冰流」，流動的冰從各地聚集過來，形成像河流一樣的狀態，依此命名。如果冰河斜度較陡，看起來像瀑布一樣的地方則稱為「冰瀑」。這些都是極地的自然環境所形成如夢似幻的絕妙景致。

此外，昭和基地所處的呂佐夫・霍爾姆灣深處，有一條全南極流速最快的巨大型冰流「白瀨冰河」，全長八十五公里、最寬處達十公里。一般認為冰流下可能有水促進流動，底下可能是深谷地形，才會流動得如此迅速。

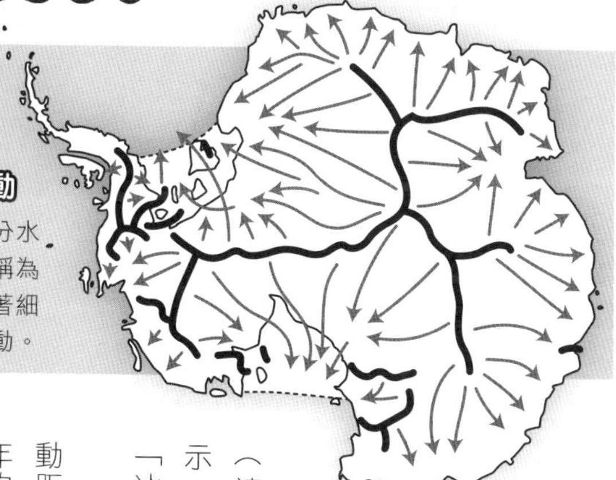

南極的冰床流動

南極冰床流動的分水嶺（圖中粗線）稱為冰界，冰流再沿著細線方向往海面流動。

冰流

冰瀑

影像提供／日本國立極地研究所

流到海面上的冰床成爲冰棚與冰山

插圖／佐藤諭

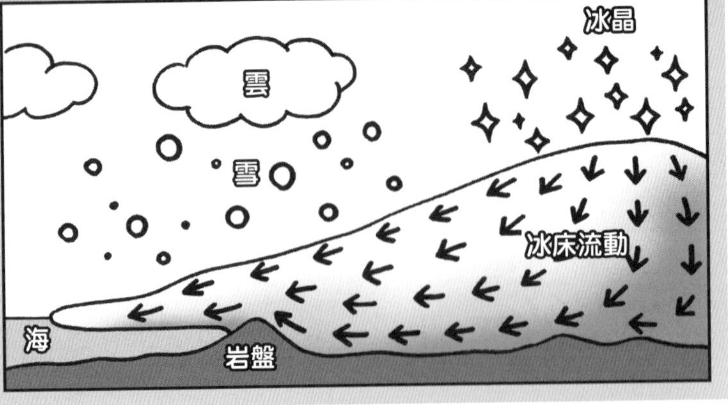

冰晶
雲
雪
冰床流動
海
岩盤

南極冰床並非全都在陸地上。有些冰床在陸地形成後，耗費很長的時間從內部流動到岸邊，最後進入大海。

流動至海面上的冰床稱為「冰棚」。

南極冰棚的總面積為一百五十六萬平方公里，約為南極大陸總面積一千三百八十八萬平方公里的一成多。日本國土總面積為三十七萬八千平方公里，冰棚面積遠遠超過了日本，相當驚人。不僅如此，冰層的厚度也不容小覷，最厚之處達一千公尺。

話說回來，如果冰棚繼續流入海面，又會造成什麼後果？冰棚往大海延伸，將導致海洋出現漩渦或漲退潮等現象。海水振動會使得冰層龜裂，冰棚前端就會分崩離析，形成「冰山」。當冰山被海水帶往溫暖海域就會融化，恢復成海水。

插圖／佐藤諭

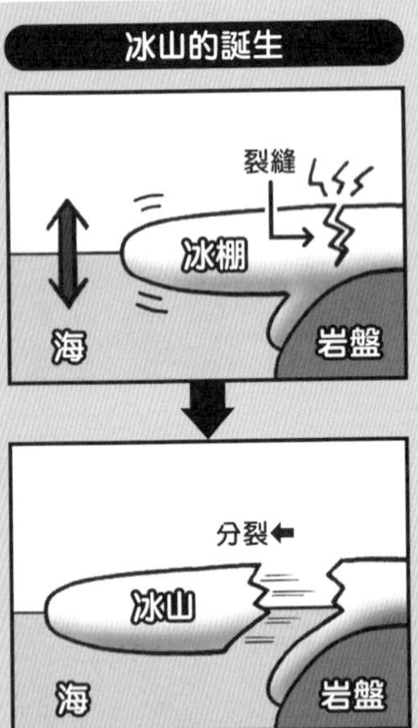

冰山的誕生
裂縫
冰棚
海
岩盤
分裂
冰山
海
岩盤

▲ 潮汐作用使冰棚分裂成為冰山。由於這個過程不斷發生，因此冰床的總面積不會持續增加。

南極主要冰棚
威德爾海
拉森冰棚
菲爾希納冰棚
阿美里冰棚
隆內冰棚
韋斯特冰棚
亞波特冰棚
沙克爾頓冰棚
羅斯冰棚
格茲冰棚
沃耶伊科夫冰棚
羅斯海
庫克冰棚

插圖／加藤貴夫

發生於冰床上南極特有的積雪現象

先前提過的冰流與冰瀑都是南極壯觀雄偉的自然現象。不過，氣候嚴寒的南極還有許多令人難忘的絕景。接下來搭配圖片，介紹三種美麗的積雪現象。

雪脊

當強烈的風往固定方向吹，就會在雪地上形成「雪脊」。積雪被強風削出了銳角，在冰床上呈現出脊狀樣貌。南極特有的下坡風從大陸中心的高地往海岸的方向吹，因此形成的雪脊幾乎都是朝著大海的方向延伸。

▲雪脊前端的尖銳部位顯示上風位置。

影像提供／日本國立極地研究所

雪丘

降雪被暴風雪吹襲移位，在平坦的雪面上形成與風向平行的細長型雪丘。由於積雪表面較為平緩，與雪脊正好形成對比。

影像提供／日本國立極地研究所

▲照片中如雪地車履帶走過後留下的痕跡即為雪丘。

雪球

一九九五年日本人在富士圓頂基地附近發現了許多自然形成的雪球，特地取了一個富有日本風味的名稱「雪毬藻」。剛開始是由無數針狀的霜聚集而成，後來被風吹動越滾越大，滾成雪球模樣。

影像提供／日本國立極地研究所

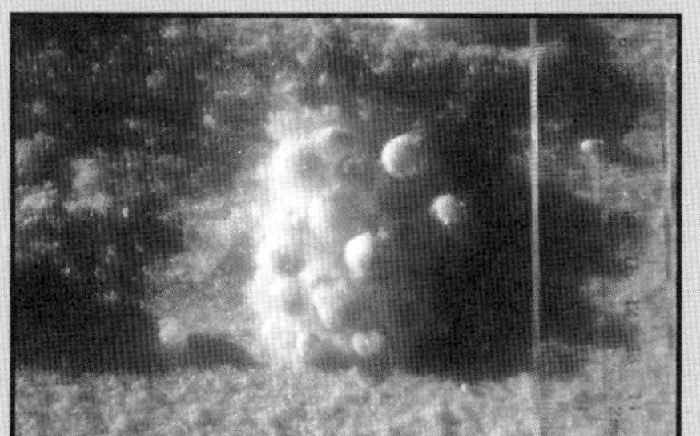

▲這些雪球並沒有經過壓實，質地相當的鬆軟。

冰核是地球環境的時空膠囊

我不知道該怎麼讓「下雪機」停下來。

三千公尺深的冰層中沉睡著一百萬年前的各種資訊

南極冰床是由經年累月的積雪凝結而成。換句話說，冰床裡封存著過去冰床表面的空氣與微塵，以當時的形態儲存在這座天然冰箱中。人類在南極進行許多研究與調查，鑽取圓柱狀冰核（冰床深處），釐清長期以來地球環境的變化與原因。日本的富士圓頂基地已經成功鑽取三千公尺深的冰核，其中蘊藏著七十二萬年來的各種資訊。接下來將鑽探儲存一百萬年前資訊的冰核，有助於釐清冰期與間冰期的循環突然在大約八十萬年前產生變化的原因，以及七十七萬年前出現的地磁逆轉（同時導致磁場消失，地表直接照射宇宙射線）對氣候與生物帶來的影響。

插圖／佐藤諭

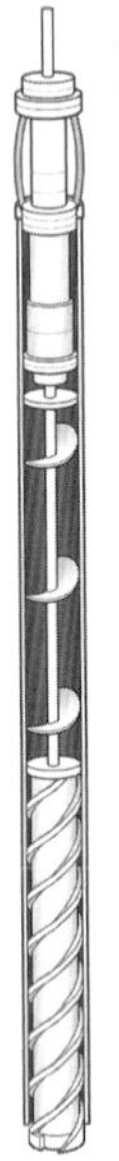

南深層冰核鑽探機

日本觀測隊使用的鑽頭只要花兩小時左右，即可鑽到深度三千公尺處。每次鑽探可鑽取長三點八公尺、直徑九點四公分的冰核。

影像提供／日本國立極地研究所

插圖／加藤貴夫

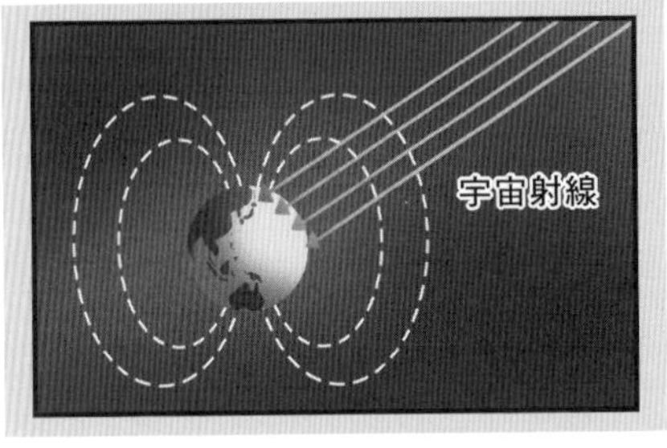
宇宙射線

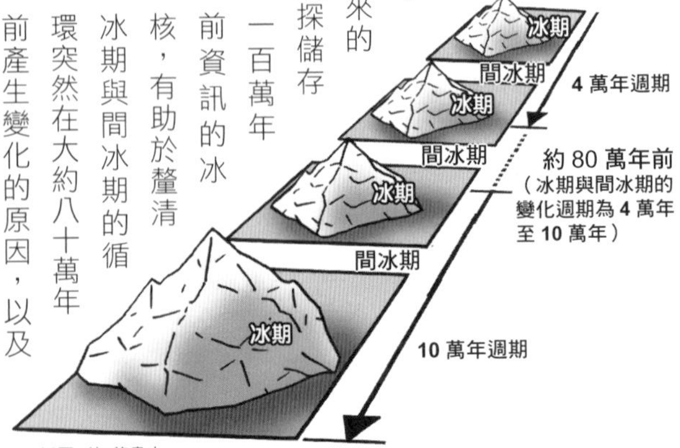
冰期
間冰期
冰期
間冰期
冰期
間冰期
冰期
4 萬年週期
約 80 萬年前
（冰期與間冰期的變化週期為 4 萬年至 10 萬年）
10 萬年週期

插圖／加藤貴夫

呼喚精靈手環

Q 南冰洋的海水溫度是能讓水結冰的攝氏零度以下。這是真的嗎？

暖爐的燈油沒了。請儘快送來好嗎？
他說傍晚才會送到。
以後在用完前，要早點準備才行。
暫時不能使用暖爐了。
什麼!?
真討厭～
冬天實在好冷，我最討厭了。
要拿暖爐出來嗎？
「呼喚精靈手環」。
以前的人認為無論什麼東西都有精靈的存在。比如說火精靈、水精靈、風精靈、木精靈等等……所以就做了這個東西。
叫火精靈出來吧！
ゴシゴシ
ゴシゴシ
※咕嘰、咕嘰、咕嘰

A 真的。海水含有鹽分，不容易結冰，因此南冰洋幾乎維持在攝氏零下兩度甚至更低的溫度。

※出現
哇啊~好溫暖喔！
※咻、咻、咻
對了，要燒什麼東西啊？
你只要站著就可以了。
那太無聊了。
我的任務就是要燒盡所有可以燃燒的東西。
來燒窗簾吧！
不行！
※轟
好燙!!
※碰、碰
喂！別在二樓吵吵鬧鬧!!
熄滅

Q 南冰洋的整個海域都在南極圈裡。這是真的嗎？

※噗咻

消失了……
附近沒有火的話，火精靈就會消失。
幸好附近的火滅了。
這個好危險，還是別用了。
啊，下雪了。
我要窩到棉被裡。
反正待在家裡也一樣冷，
到外面去玩吧。
看來雪還沒積好。
呼……好冷……
會這麼冷，都是下雪的關係吧？
ゴシゴシ

※咕嘰、咕嘰

A 假的。南極圈的範圍是南緯六十六點三度以南，南冰洋一直延伸到南緯六十度，因此並非整個海域都在南極圈。

哇！
妳、妳是誰!?
是你叫我出來的啊！
叫妳出來…我嗎？
你剛剛不是說都是下雪的關係嗎？
雪精靈!?
你叫我出來，我真的好高興。
好冷！
因為我是雪啊。
既然是雪精靈，那妳可以下更多雪嗎？
那正是我的工作啊。
才一下子，雪就積滿了。

勇闖南極冒險號Q&A

Q

在南極吐的氣都是白色的。這是真的嗎？

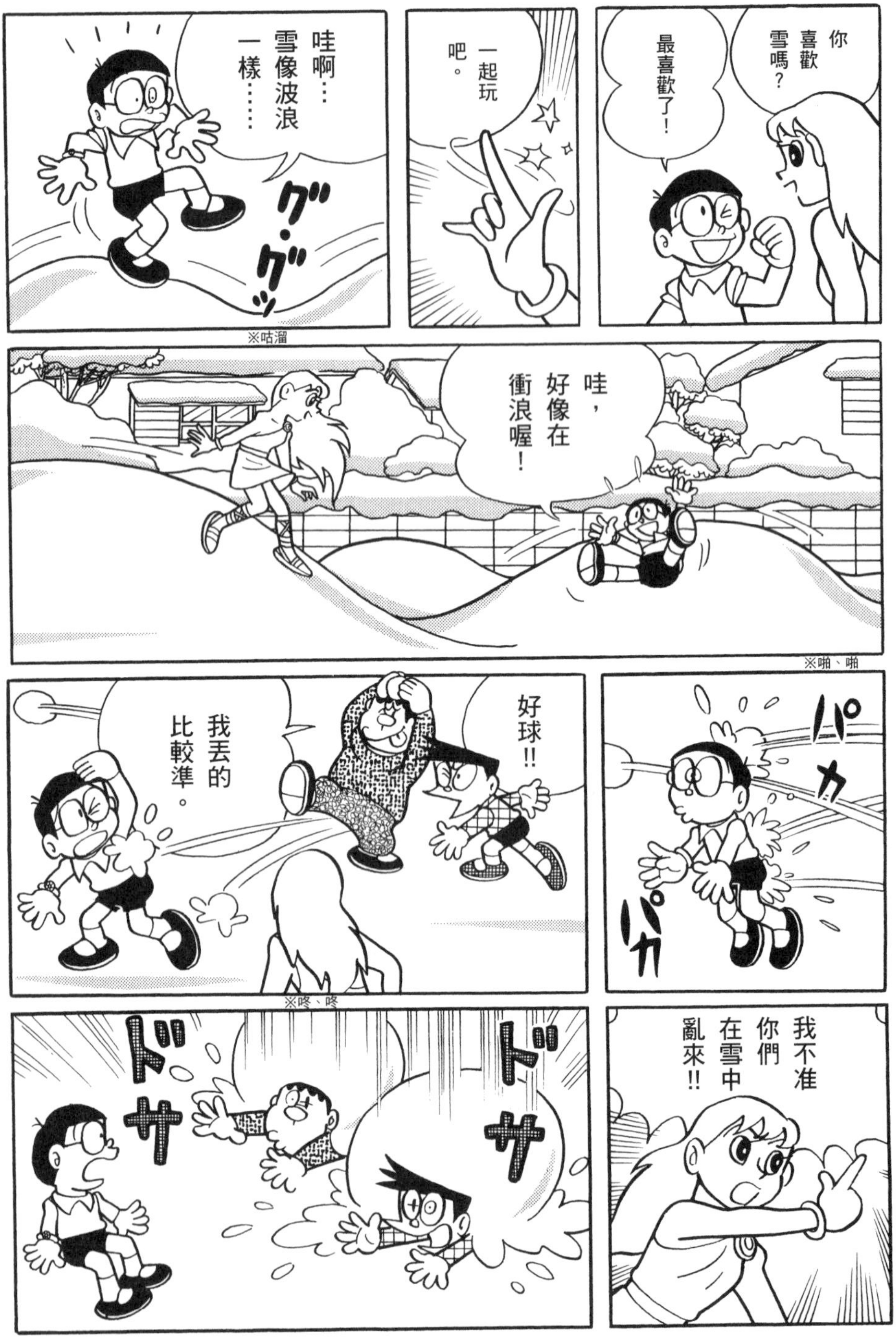

你喜歡雪嗎？
最喜歡了！
一起玩吧。
哇啊……雪像波浪一樣……
グ・グッ
※咕溜
哇，好像在衝浪喔！
※啪、啪
パカ
パカ
好球!!
我丟的比較準。
※咚、咚
我不准你們在雪中亂來!!
ドサ
ドサ

A 假的。由於南極空氣很乾淨，吐氣中的水蒸氣不容易形成水滴，因此幾乎不會變白。

要是有人敢欺負你的話，
我絕對不會饒過他的。
謝謝。
暖爐好了。
到我家玩吧。
不行！
我會融化的。
她是誰？
雪精靈!?
大雄！發生麻煩的事情了。
為什麼？
我最討厭說悄悄話了!!
※飛走
啊啊，哆啦A夢!!
他是我的朋友耶!!
別管他，我們乘著暴風雪去玩吧！
※漂浮

勇闖南極冒險號Q&A

Q 人只要身處在南極點，體重就會變重。這是真的嗎？

別再下雪了。
那可不行。
要是雪沒了，我就會跟著消失。
但是…春天就快來了。
我不會讓春天來的。
我不想消失。
永遠、永遠都不想消失。
哈啾!!
我想回家了。
再玩一下嘛～
我喜歡你……
想永遠跟你在一起。

明天見。
太晚回去會被媽媽罵的!!
氣象局說這是有史以來最大的降雪，
電車和車子都停駛了。
本來應該停止的雪，還在持續下。
而且似乎越下越大。
這下糟糕了，你打算怎麼辦!?
怎麼了?
全身發冷…
好燙!!
你發燒了。
媽媽~
雪下太大，醫生說他無法過來。

A 真的。受到地球離心力的影響，體重三十公斤的人在南極點，會比在赤道附近重一百五十公克左右。

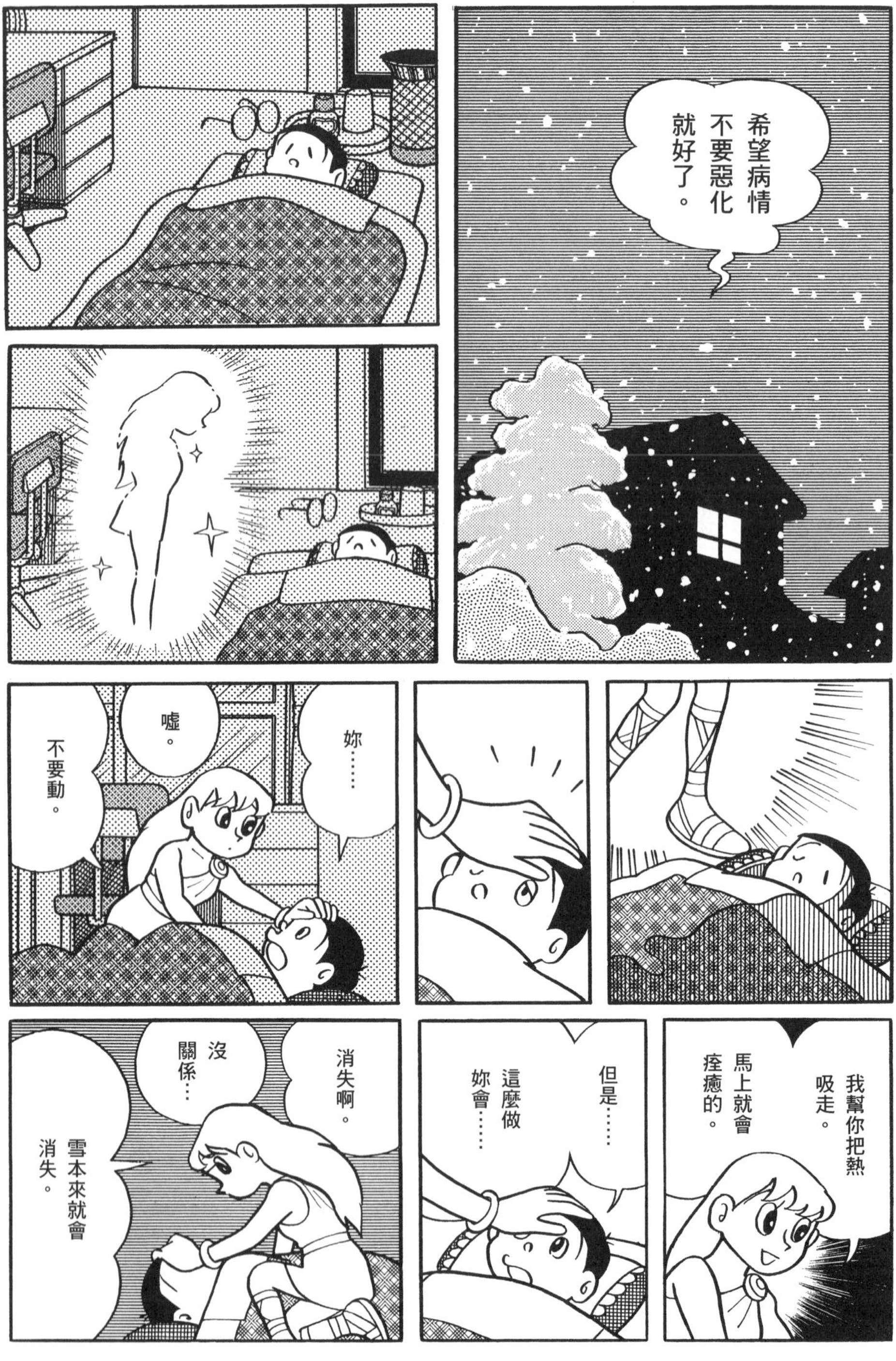
希望病情不要惡化就好了。
妳……
噓。
不要動。
我幫你把熱吸走。
馬上就會痊癒的。
但是……
這麼做妳會……
消失啊。
沒關係……
雪本來就會消失。

勇闖南極冒險號Q&A

Q 在南極大陸，離海最近的地方最冷。這是真的嗎？

A

假的。海水溫度約零下兩度，比南極最低氣溫還溫暖，因此離海越遠的地方越寒冷。

但請你相信我。
我並不是故意讓你感冒的……
我是真的喜歡你。
我知道…跟妳玩我也很高興。
真的嗎？我好高興。
太神奇了，你的燒都退了。
雪也全都消失了。
吹著溫暖的南風……
再不久春天就要來了。

咆哮！狂暴！尖叫！環繞南極的南冰洋

南冰洋是全世界海象最差的大洋

前往南極時，越過南緯三十度之後，就會開始吹西風。受到地球自轉影響，南緯三十至六十度之間屬於西風帶。事實上，位於地球另一端的北緯三十五度東京上空，吹的也是西風。只不過北半球是陸地，會阻礙風吹的路徑，因此在陸地上不會有強烈感受。

話説回來，南半球陸地較少，過了南緯四十度之後，只剩南美大陸的南端與小島。強烈的風勢在此毫無阻礙，在海上掀起狂濤。風勢與海浪隨著緯度越高越劇烈，因此素有「咆哮四十度」、「狂暴五十度」之稱。南美大陸的南端大約在南緯五十五度，此緯度以南一直到南極大陸之間，沒有任何廣闊陸地。此處屬於副極地低壓，是低氣壓經過的地區。海象惡劣時，風速超過每秒四十公尺，浪高五層樓，約十五公尺，宛如颱風般劇烈，被形容為「尖叫六十度」的暴風圈。南美大陸南境到南極半島北邊之間的海域稱為德雷克海峽，這裡可以説是全世界海象最惡劣的海域。

此外，南緯六十度以南的海域稱為南冰洋。

南冰洋是繼太平洋、大西洋、印度洋

影像提供／日本國立極地研究所

▲南冰洋的海浪打在白瀨號的甲板上。

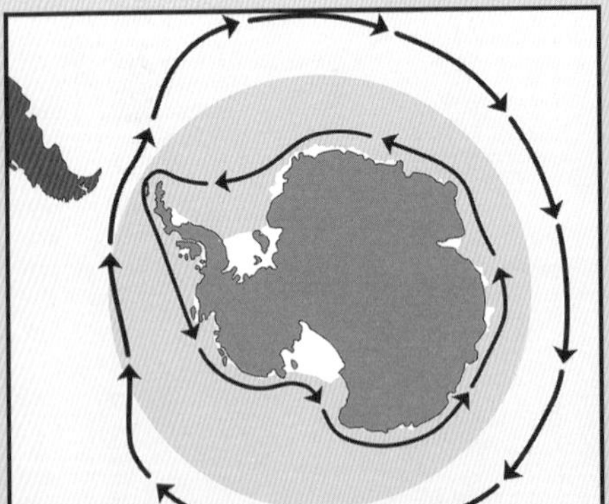

▲圍繞南極大陸的南冰洋與洋流。

插圖／加藤貴夫

後，世界第四大海洋。南極大陸四周被由西向東流動的繞南極流環繞，阻撓從赤道下來的暖流進入，使得整個南極大陸天寒地凍。南冰洋的南邊為南極大陸，但沿岸幾乎都是冰，可以直接看到陸地的範圍不到整個海岸線的百分之五。

南極的岩盤受到冰床反覆凍融而鬆動，產生許多細碎砂石，接著被冰山帶走，堆積在沿岸至一千公里遠的海底。

特別專欄

南冰洋是環遊地球一圈最快的工具

若想從北半球出發，只靠自然力量環遊地球一圈，利用咆哮四十度到尖叫六十度的強風，可最快達成目標。

利用大航海時代的大型帆船，須花三年時間才能環遊世界一周；換成現代最新的遊艇，只要四十五天即可完成。

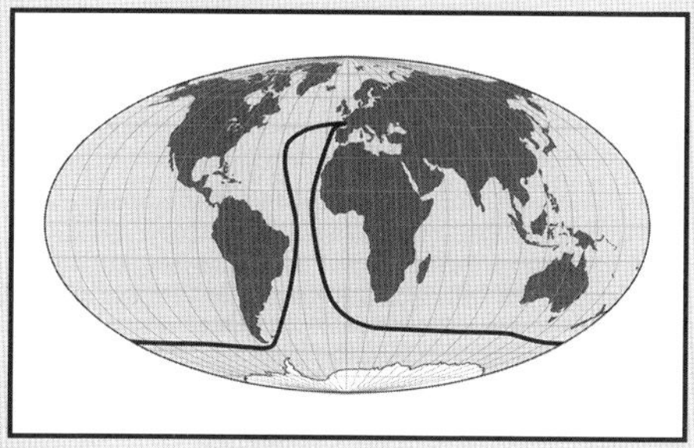

插圖／加藤貴夫

世界最重的海水 引導深海的海水流動

在全球最冷的南極沿岸，海水也是全世界最冷的。其中以羅斯海與威德爾海冰棚下的海水最冷，密度最高，重量最重。此處的海水沉入深海，成為推動深層環流的力量。深海環流以時速幾公尺的速度緩慢前進，耗費一千多年的時間在海底循環，為全世界的深海帶來營養豐富的冰冷海水。

特別專欄

南極海是豐富的海

繞南極流的內側有另一條方向完全相反的洋流，富含營養的深海海水從這兩條洋流的交會處湧出。在此處繁衍的南極磷蝦群密度相當高，一個浴缸的容量就有超過四百隻，成為孕育南冰洋豐富生態的重要食物來源。

影像提供／日本國立極地研究所

要花一年的時間才能度過南極的早上、中午與夜晚

永晝與永夜是持續好幾個月的白天與夜晚

南極的夏季一整天都是白天，沒有夜晚，太陽隨時高掛空中，這個現象稱為永晝。

地球對太陽傾斜二十三點四度，正是形成永晝的原因。南極會在夏季面向太陽，使得太陽光持續直射南極。南極點的永晝約持續半年，離南極點不遠的昭和基地也有四十五天的時間處於永晝狀態。

到了夏季尾聲時，會出現另一個不可思議的自然現象。此時的太陽既不上升、也不下沉，而是沿著地平線橫向移動。這段時間是南極短暫的秋季，可說是南極的傍晚。南極的冬季一整天都是晚上，太陽不會上升，不過，可以欣賞燦爛的星光與美麗的極光，這個現象稱為永夜。在南極點，永夜與永晝相同，約持續半年之久。隨著太陽升起，永夜結束，南極進入春季，新的一年就此展開。

在其他地方，我們每天都能經歷早中晚，但在南極，我們必須花一年的時間才能度過完整的「一天」。

影像提供／日本國立極地研究所

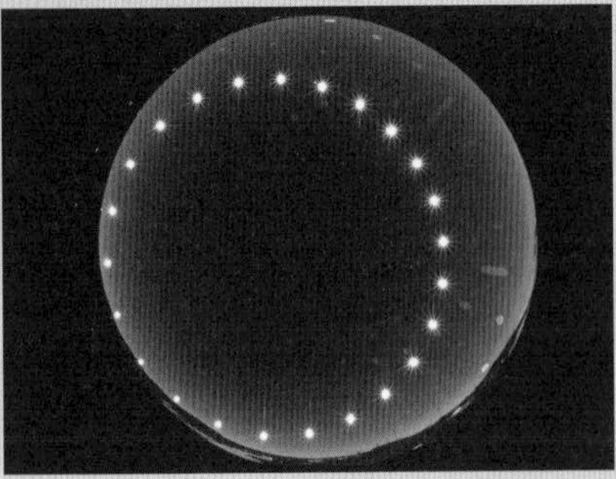

插圖／加藤貴夫

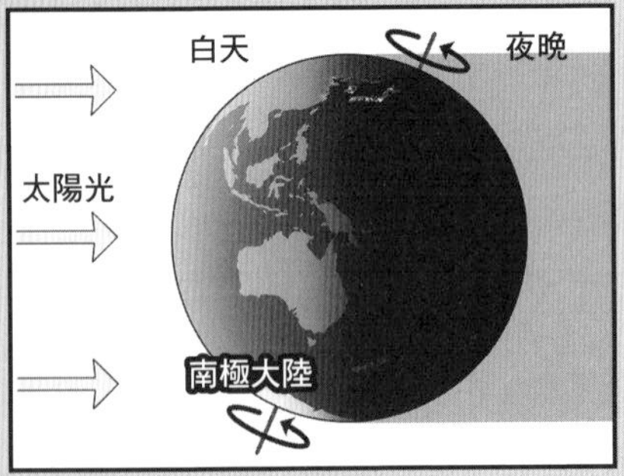

▲南極大陸的夏季一整天都是白天。

寒冷的南極是大氣光學現象的寶庫

陽光與大氣互相影響產生的現象統稱為大氣光學現象，高掛在空中的彩虹是最常見的例子。

南極氣候嚴寒，大氣中的水分很容易形成冰晶。這是一種冰的結晶，通常呈六角形。陽光從各種角度射入結晶之中，經過多次折射與反射，在太陽周圍出現各種光的現象。

請參照左方照片，共出現了七種大氣光學現象。

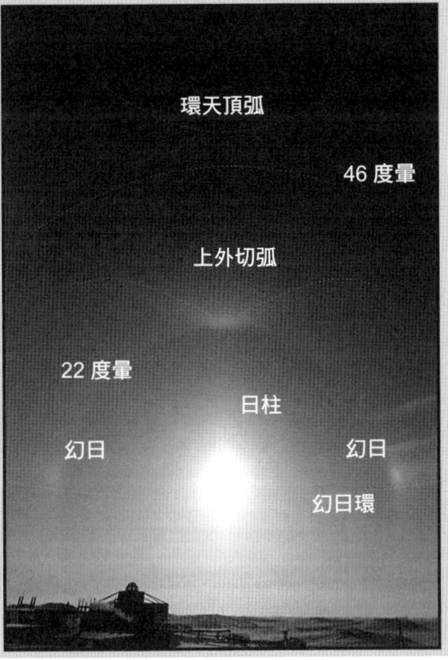
環天頂弧
46 度暈
上外切弧
22 度暈
日柱
幻日
幻日
幻日環

影像提供／JARE-57　武田真憲

開始縮小的臭氧洞

臭氧洞指的是南極上空臭氧層減少，形成一個破洞的現象。這個現象導致臭氧層無法完全阻斷紫外線，使得地球環境遭到紫外線破壞。三十多年前，科學家證實了臭氧洞起因於人類使用的氯氟烴物質，於是世界各國紛紛訂定規範，限制使用氯氟烴，最近終於看到成效。二〇一六年夏季，科學家首次證實臭氧洞開始縮小。若能維持縮小的趨勢，預計在一百年後臭氧洞就會消失。

由此可見，只要人類齊心協力，不只是地球暖化，其他環境問題也能順利解決。

特別專欄

在南極可以看到方形的太陽？

原本呈現圓形的太陽，在南極可能變成方形。這也是大氣光學現象之一，屬於海市蜃樓的一種。當地表氣溫較冷、上空氣溫較暖，在冷暖氣溫交界處就會形成光的折射，導致物體變形或往上拉長的視覺效果，於是太陽看起來就會變成四方形。

◀在南極觀測到的方形太陽。

影像提供／日本國立極地研究所

假扮雪男

喔～
這就是傳說中的山怪嗎!?
有人說他躲在矢麻深山中，也有人說是假的……
就好比喜馬拉雅山中的雪男一樣嗎？
不知道他是猴子，還是怪獸……
我猜啊，大概是遠古時代原始人的後代吧。
這是櫻花電視台的採訪記者所拍到的照片。
至於為什麼我會有這張照片呢，這全都要感謝我爸爸有個電視台的……
你是想說你爸爸認識電視台的高層人士吧？我們都聽到不想聽了。
可是……這張照片拍得這麼遠又模糊，一點都不清楚。搞不好只是一隻熊還是一個普通人也說不定。
你對我的獨家照片有什麼意見!?
那你去拍一張更了不起的照片來給我們看看！
是啊是啊。

Q 南極有活了好幾百年的生物。這是真的嗎？

哆啦A夢。
我有事想拜託你。
サッ
※藏
我想去拍山怪的照片。「任意門」借我一下。
山怪？
那種東西根本不存在啊。
有啦！
有很多人看過，而且山怪也被拍到了。
我跟他們說好要把照片拍回來的。
如果沒拍到就完了啦！
好吧！那就帶你去看看吧。
山怪攝影隊出發!!
根本就不存在。

A 真的。地衣類雖然成長速度緩慢，但可以活很久。有些甚至可以存活千年以上。

真的好有深山的感覺喔！
這裡要是有山怪出現，也沒有人會覺得奇怪的。
拿去！相機和「竹蜻蜓」。
你不跟我一起去嗎？
我怎麼可能笨到去找根本就不存在的山怪。
哼！不管花幾天，我一定會找出來給你看的。
不管你花幾年都一樣啦！

出現了!!
※喀喳、喀喳
カシャ
カシャ
真是罕見的動物呢！
可是……
說他像猴子，我倒覺得比較像狸貓呢！
咦？你不是山怪啊？
那山怪本尊在哪裡呢？
哪有什麼山怪啊!?
不！他真的存在。
我堂弟說他上星期日來這裡真的看到了。
不好意思！請問一下山怪在哪裡？
山怪在哪裡啊？
山怪。
山怪。

Q 企鵝只生長在南半球。這是真的嗎？

出現了!!
在哪裡？在哪裡？
是真的嗎？
他就在對面！
吼～吼～
カシャ
カシャ☆
カシャ
※喀喳、喀喳、喀喳
怎、怎麼可能……
我想靠近一點拍。

A 假的。生長在赤道附近的加拉巴哥企鵝，其棲息地有一部分在北半球。

呼——穿玩偶裝一點都不輕鬆。
哇啊!!
完了!!
被發現了。
原來是假的!!
傳聞都是這麼一回事。
回去吧！
心情一點都不舒暢……
我好不容易鼓起幹勁出門去拍照的耶。

勇闖南極冒險號Q&A

Q

棲息在南極的企鵝也會得流行性感冒。這是真的嗎？

A 真的。二〇一四年，科學家在南極企鵝身上驗出流行性感冒病毒。

有了!!
我們到喜馬拉雅山去找真正的雪男吧。
你又來了！
再這樣下去就沒完沒了。
只要有「任意門」，想去哪裡都可以不是嗎？
可是就算是喜馬拉雅山也太大了吧。
現在全世界各國的尋找雪男探險隊到處奔波也是一點線索都沒有啊。
這我知道!!
所以才值得我去尋找啊。不管花幾天時間…
吼喔〜

哇啊啊啊。
救命啊！
戴著「竹蜻蜓」是要怎麼跑啦？
你自己還不是一樣！
哇！
ガリガリ
※嘎喳、嘎喳
牠在咬「任意門」!!
沒有「任意門」我們就回不去了。
用「翻譯蒟蒻」來跟牠溝通看看好了。
那個……雪男先生。
如果你那麼喜歡門的話，我待會再搬一扇來給你好了……

A 真的。漁船在南極捕獲到的巨烏賊稱為大王酸漿魷，體長超過十公尺，棲息於兩千公尺左右的深海。

牠說牠並不是特別喜歡門，只是實在餓壞了，沒辦法只好啃門。
有沒有其他東西可以給牠吃啊……
這可是我最愛的銅鑼燒……
クン
クン
※聞、聞
パク
……
……
……
※丟入
吼喔喔
哇！牠生氣了!!
不是啦！牠說牠第一次吃到這麼好吃的食物，所以很高興。
呼～幸好平安到家了。
照片拍了嗎？
啊…我把相機忘在矢麻深山了!!

Q 南冰洋沒有鯊魚。這是真的嗎？

你真是改不了壞毛病耶。
老是忘了最重要的事情。
你很囉嗦耶。
要是大家知道原來山怪是騙人的把戲，我們的村子就完了。
誰叫我們要騙人，這是報應！
你們為什麼要這麼做啊？
現在再怎麼解釋也沒人會相信，一開始我們並不打算騙人的。
在秋天祭典的表演上，我負責扮演狒狒。
他穿著玩偶裝一個人在排演，結果被爬山的人給看見了。
這件事一下子就被傳了開來，山裡突然湧進一堆人潮。
原本一片荒涼的貧瘠山莊，突然蓋了一大堆民宿，景氣也變好了。
我們的慾望也一發不可收拾……

A 真的。鯊魚喜歡棲息在溫暖海域，因此冰冷的南冰洋沒有鯊魚類動物。

現在既然被發現也別無他法，只好回到原本的貧窮生活了。
咦？還要到喜馬拉雅山去啊？
我把門放在這裡喔。
如果你願意偶爾跑到矢麻深山去露個臉……
我會叫村人拿銅鑼燒給你當作回報。
還好牠很高興的答應了我們的請求。
各位！你們看！
ワ ワ
今天矢麻深山也因為觀賞山怪的人潮而熱鬧不已呢！

※哇、哇

真是罕見的動物呢！
カシャ
カシャ

棲息在南極的意外生物

南極只有兩種花

南極大陸沒有任何樹木，也沒有我們一般常見的開花植物。不過，在南極大陸中氣溫相對溫暖的南極半島，生長著兩種每年夏天會開花的原生植物。這兩種植物的葉子都很細長，看起來就像草一樣，最大只會長到三十公分左右。科學家還發現植物生長範圍會隨著南極氣溫上升而擴大。

影像提供／工藤榮

▲開花的南極漆姑草。

▲屬於禾本科植物的南極發草。

在極限環境下互助生長的地衣類

南極有一種貼著地面生長的生物，那就是地衣類。乍看之下像植物，其實是同屬於植物中的藻類和菌類共生，過著如生物般的生活。藻類透過光合作用製造養分，菌類負責製造身體部分，稱為地衣體，保護藻類，分類上屬於菌類。

地衣類是南極大陸上種類最豐富的生物，即使在南緯八十六度（離南極點約四百五十公里）的莫德皇后山脈，科學家也發現了八種地衣類。可說是地球上以地衣形態生存的藻類中，生長地區最南邊的植物。

▲與地面顏色不同的部分是地衣類。

影像提供／工藤榮

在大陸沿岸湖底發現綠色森林

科學家在昭和基地附近的湖底發現一群綠色圓錐狀，頂部為圓形的苔蘚堆。日本觀測隊首次在一九九五年發現這群綠色森林，二〇〇九年又發現了大小與形狀如三角錐的苔蘚堆。南極大陸的陸地幾乎沒有植物，沒想到湖底竟有如此茂密的森林。

影像提供／工藤榮

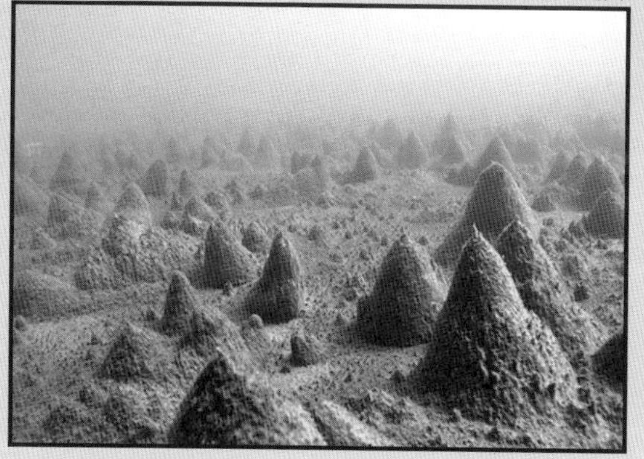

▲在大小約四百公尺的長池湖底發現的苔蘚堆，最大的高度約八十公分。

苔蘚堆十分鬆軟，內部空洞，一壓就碎。苔蘚堆除了苔蘚植物之外，還有藻類、藍綠菌等微生物共生，成長速度十分緩慢，一年也長不到一公釐。科學家還發現了生長超過八百年的大型苔蘚堆。

在地裡生長的小小生物

目前已知原生於南極的昆蟲只有一種，名為南極搖蚊。這種昆蟲只棲息於南極，雖然不會飛，卻廣泛存在於南極大陸。體長只有二到六公釐，個子非常小，但在南極昆蟲這類無脊椎動物中，南極搖蚊算是體型較大的。

只有微小生物才能適應南極大陸。

蟎類生物的體長都不超過一公釐，卻能在地球上各種環境中存活。科學家在南極露出岩石的地區，發現三十種以上的蟎。

其他小小生物包括比昆蟲更加原始的彈尾蟲、水熊蟲，身體呈細長圓柱狀的圓蟲等。

▼在昭和基地附近發現，屬於甲蟎亞目的一種蟎。

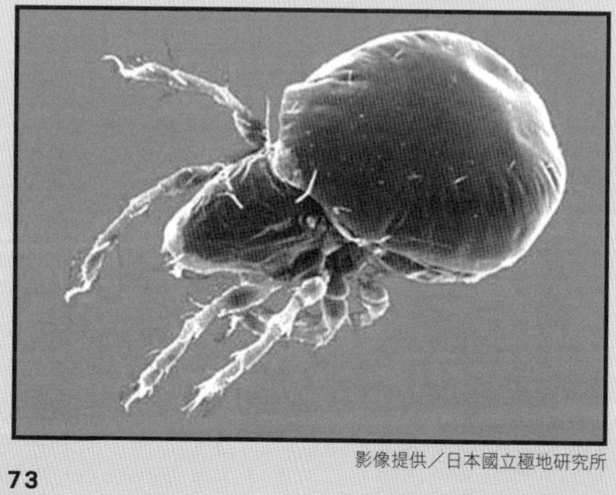

影像提供／日本國立極地研究所

選擇棲息在極寒之地的鳥類與哺乳類

以南極為目的地的候鳥們

灰賊鷗是一種在日本近海度過夏季後，飛往南極大陸一帶繁衍後代的候鳥。

北極燕鷗體長約三十五公分，與鴿子差不多大。每年夏季在北極孵育後代後，從北極飛往南極，在極地度過夏天。牠們的移動距離約三萬公里，超過地球半周的長度，可說是飛行距離最長的候鳥。

影像提供／JARE-56 水谷剛

▲休息中的灰賊鷗。

影像提供／高橋晃周

▲飛翔中的北極燕鷗。

企鵝的育兒環境可說是全球最嚴苛

阿德利企鵝與皇帝企鵝是「唯二」在南極大陸孵育後代的企鵝，其他的企鵝棲息在南極半島與其他島嶼。

其中以皇帝企鵝的育兒環境最為嚴苛。

一到秋季，皇帝企鵝就會離開海邊，往內陸遷移數十公里以上。最低氣溫達攝氏零下六十度的冰原，是皇帝企鵝繁衍後代的場所。

在隆冬的五月，母

▼孵蛋中的皇帝企鵝。

插圖／佐藤諭

▼在海裡游泳的阿德利企鵝。

影像提供／高橋晃周

企鵝產下一顆蛋後，便到海裡捕魚，準備餵養小孩。

此時公企鵝會負責在冰原上孵蛋，保持蛋的溫度。為了避免蛋碰觸到冰原，公企鵝會將蛋放在自己的腳上，再用肚子上的育兒袋包住蛋，以避免冷空氣的侵襲。就這樣維持兩個月的時間，直到小企鵝孵出來為止。換句話說，公企鵝離開海邊之後，長達四個月的時間無法進食，通常孵完蛋後，體重會減少將近一半。

等到小企鵝長大，可以下海游泳時，南極差不多又到了食物豐沛的夏季。皇帝企鵝之所以選在寒冷的冬天孵蛋，就是為了讓小企鵝長大後可以吃到豐富的食物。

特別專欄

透過生態記錄了解企鵝的生活

調查生物的生活形態有許多方法，近年來最受矚目的是在野生生物身上安裝記錄裝置的生態記錄法。這個方法可以二十四小時完整記錄，就連生活在水中，人類難以直接觀察的生物活動也能透過測量數據完整掌握。

舉例來說，人類可以從企鵝的頭部動作，掌握企鵝的進食速度。基本上企鵝是在水中以長嘴啄磷蝦，而且一隻一隻的吃。若磷蝦很多，企鵝還能一秒鐘吃兩隻。

南極的哺乳類都是可在海裡生存的動物

沒有任何哺乳類動物棲息在南極陸地上。在南極圈生存的哺乳類都是可以適應海底環境的生物，包括海豹與鯨魚在內，共有二十三種；超過一半的海豹種類生活在南冰洋中。

南冰洋有豐富的南極磷蝦和小魚，這些都是海豹與鯨魚的主要食物。根據統計，全世界體型最大的生物，體重超過一百噸的藍鯨，一天要吃四到八噸的磷蝦。

影像提供／日本國立極地研究所

插圖／佐藤諭

南冰洋的冰層下也有生物棲息！

名爲鱷冰魚卻不會結凍？棲息在南冰洋的魚類

大陸沿岸的南冰洋底下，海水溫度接近攝氏零下兩度，使得南冰洋的魚類隨時都有結凍的可能。生物體內即使是生成微小冰晶，也會導致細胞壞死，甚至危及性命。

不過，適應南冰洋環境的魚類可以在低於冰點的海水中存活。鱷冰魚科的魚類，因為體液中含有鹽分，並有特殊抗凍蛋白質，體內不易生成冰晶，處於攝氏零下兩度的環境也不會結凍。

影像提供／日本國立極地研究所

▲ 體內有透明體液的鱷冰魚科魚類。

在海底溫泉發現雪人！

科學家在南冰洋的海底熱泉，發現全身覆蓋白毛的生物，那就是又名基瓦多毛怪的雪人蟹。其毛茸茸的雙螯布滿細菌，必要時雪人蟹就吃螯上的細菌維生。在氣溫適宜的海域，一個榻榻米的面積可棲息超過一千隻雪人蟹。

影像提供／ A. D. Rogers et al.

◀ 群聚在狹小環境中的雪人蟹。

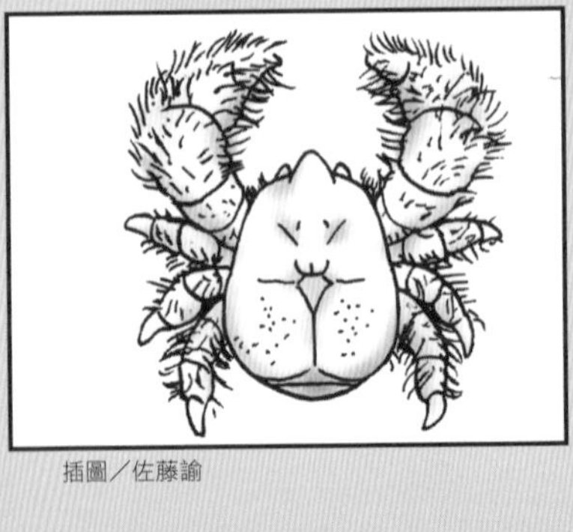

◀ 顧名思義，雪人蟹全身長滿了毛。

插圖／佐藤諭

流星誘導傘

Q 極光有時呈漩渦狀。這是真的嗎？

有流星!!
呃…那…那個…
我想要…
已經消失了…
又有流星了！
我想要…
哇啊！又消失了……
？
從剛剛開始你就一直在做什麼啊？
我在向流星許願啊…
只要在流星消失之前許下願望，願望就會實現。
可是，流星一下子就消失不見了……
我都還來不及說完「我想要一個新的遊戲軟體」…
噗！

有那麼好笑嗎？
大家都拿到新的遊戲軟體了，還互相交換玩來玩去……
媽媽絕對不會買給我的，而且我的零用錢也不夠買……
所以只能拜託流星了啊！
沒想到…你竟然嘲笑我…
對不起啦！我道歉。
我會替你想辦法的。
有了!!
那就叫流星到你身邊來，讓你慢慢許願好了。
叫流星到身邊來!?
你以為流星是什麼？
流星是存在於宇宙間，連名字都沒有的小小星球，受地球重力吸引而掉落下來。
由於它以極快的速度墜下，與空氣摩擦，才會形成火球…
這就是所謂的流星。

A 真的。太陽活動較旺盛的時候，極光也變得活躍，有時會變化成漩渦狀。

大部分的流星都會在中途燃燒殆盡，
不過偶爾也會有大流星墜落到地面來。
那個就叫隕石。
那要怎麼把隕石帶到這邊來？
「流星誘導傘」。
它能把宇宙間的小小星球都吸引過來。
將天線朝向四面八方，尋找小星球……
ピ。。。。
※嗶…
找到了！
按下誘導鈕！
カチ
※喀喳
什麼都看不見啊。
它正朝著地球前進呢。
啊!!

Q 極光也有黑極光。這是真的嗎？

A 假的。不過，當整個天空出現極光，沒有極光的部分就稱為黑極光。

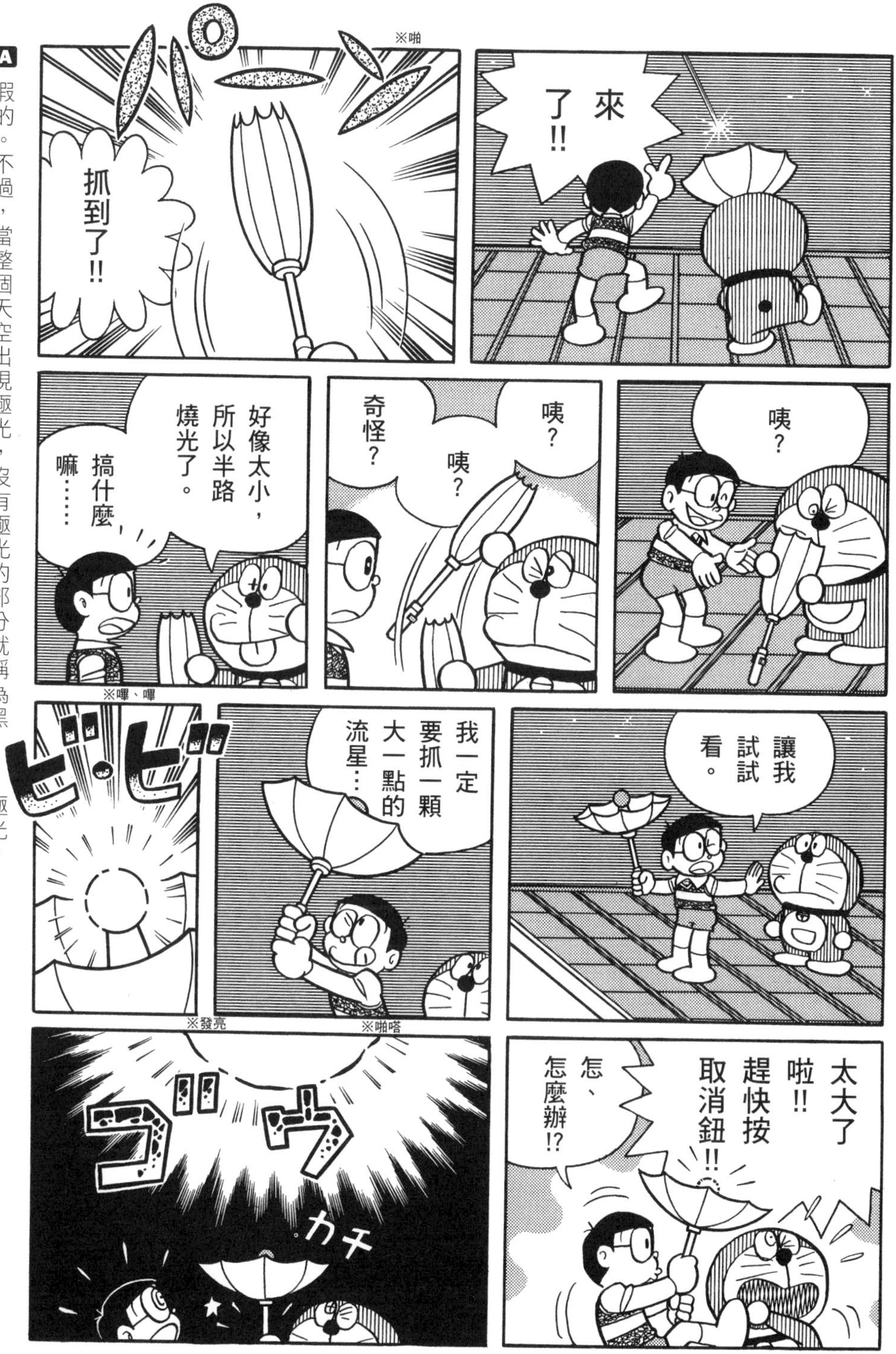

來了!!
抓到了!!
※啪
咦？
咦？
咦？
奇怪？
好像太小，所以半路燒光了。
搞什麼嘛……
※嗶、嗶
ビ・ビ
讓我試試看。
我一定要抓一顆大一點的流星…
※啪嗒
※發亮
太大了啦!!
趕快按取消鈕!!
怎、怎麼辦!?
ゴウ
カチ

※呼
幸好走了……
得小心點，有些學者說恐龍之所以會滅絕，就是因為巨大隕石墜落的關係呢。
很晚了，我先睡囉。
別感冒了喔。
差不多大小就好……
差不多大小就好……
※嗶、嗶、嗶、嗶
來了!!
※啪
哆啦A夢～我抓到流星囉。
那你就慢慢許願吧……嗯啊……
太好了……
好美的流星啊。
這可是來自遙遠的宇宙呢……

勇闖南極冒險號Q&A

Q 極光的名字是以下哪位科學家取的？①伽利略 ②牛頓 ③愛因斯坦

A
①伽利略。伽利略沒有看過極光，他是以羅馬神話曙光女神之名奧羅拉（Aurora）為極光命名。

流星大人，拜託你。
我想要新的電子遊戲軟體…
パンパン
※拍、拍
咦？
救命……
救命……
幹嘛啦？我很睏耶。
這是「求救膠囊」!!
那是什麼？
比方說，如果在地球上遇到沉船事件的話…
可能就會有人將求救信…
裝進空罐裡隨水漂走。
同樣的道理……

Q 極光是南極天空最明亮的光。這是真的嗎？

當火箭迫降無人星球…
連通訊機也故障，無法和自己星球取得連絡的時候，
太空人就會撒下這種膠囊。
膠囊會隨著超時空跳躍，
漂流在無止盡的宇宙空間中。
直到遇見撿到它的人為止……
那撒下這顆膠囊的人不就正在宇宙的某個角落…
沒錯！大概在等著別人救援吧。
立刻拿出「宇宙救生艇」。
將「求救膠囊」放進探測機裡面。
發動!!

A 假的。最亮的是太陽光。極光與滿月的亮度相當，皆排行第二。

謝謝你們！我還以為我沒救了呢。
平安無事真是太好了。
我去打電話給你的星球，請他們派火箭過來接你。
哇啊！他們來接我了！
再見!!
要保重喔！
等一下。
？
這是我待在這個星球孤獨無依的時候陪伴我的遊戲機。
我要把它送給你們。
跟流星許的願望真的會實現耶。

這可是立體實感電子遊戲喔。
把可以抓到膠囊的傘借我們！
好是好啊！但「求救膠囊」很少掉下來喔。
流星群會從獅子座的方位落下來。
多收集一點，一定會發現膠囊的……
嗚哇好痛、好痛啊!!
停止啊!!

※掉落

※匡

※喀唧

有流星!!

極光是太陽與大氣的結合

南極是地球向宇宙開啟的大窗

形成極光的原因之一是太陽。由熱電漿構成的太陽風，從太陽吹至地球。太陽風含有對生物有害的輻射線，由於地球本身是一顆大磁石，太陽風無法直行通過磁力較強的磁場，反而會被彈開，因此太陽風不會直接吹到地球上。

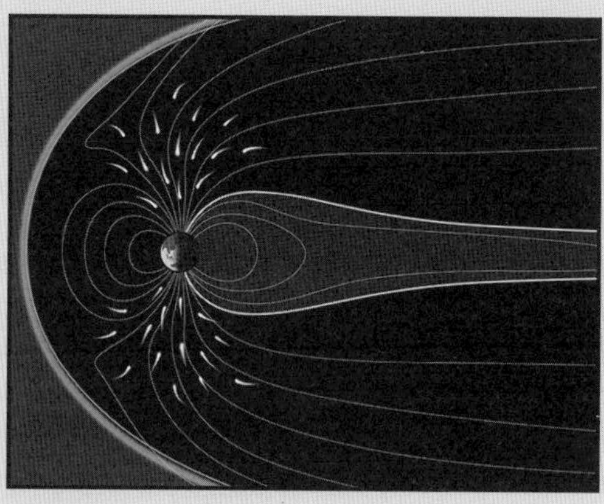

插圖／加藤貴夫

不過，極地是磁力流通的聚集點，太陽風的電漿粒子會在極地附近，以畫圓的路徑落在極地上。

形成極光的另一個原因是地球大氣。

來自外太空的電漿粒子，會在離地表一百公里的宇宙空間撞擊地球的大氣分子，使得大氣分子發亮，形成極光。由於這個緣故，極光不會出現在北極點或南極點，而是圍繞在兩極附近。容易出現極光的環狀區域稱為極光帶，南半球正好位於南緯六十五到七十度的南極大陸上。

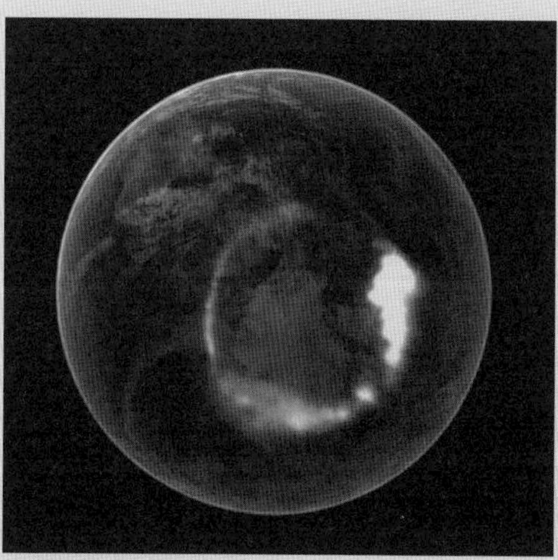

影像提供／NASA

彩繪南極天空的極光

極光的各種姿態

人類能夠在地球上看到的極光有各式各樣的顏色與形狀。

極光的顏色與地球大氣的成分有關。

極光上方容易出現紅光，這是來自外太空的電漿粒子，與地球大氣上層的氧分子撞擊時出現的光的顏色。越接近地表，大氣中的氮分子就越多。當電漿粒子與氮分子撞擊，就會產生綠光。

極光的形狀也會隨著看到的地方改變。

若在極光發生處的正下方抬頭看，會看到極光往天空呈放射狀散開，是為「冠冕狀極光」。若在發生處的旁邊往上看，會看到左搖右晃的「幕狀極光」。若再離遠一點欣賞，細節處就會消失，在天空形成一個大大的圓弧形，稱作「弧狀極光」。

影像提供／日本國立極地研究所

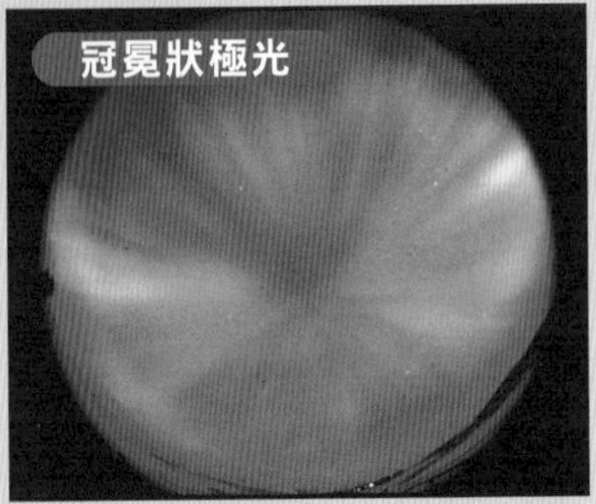
冠冕狀極光

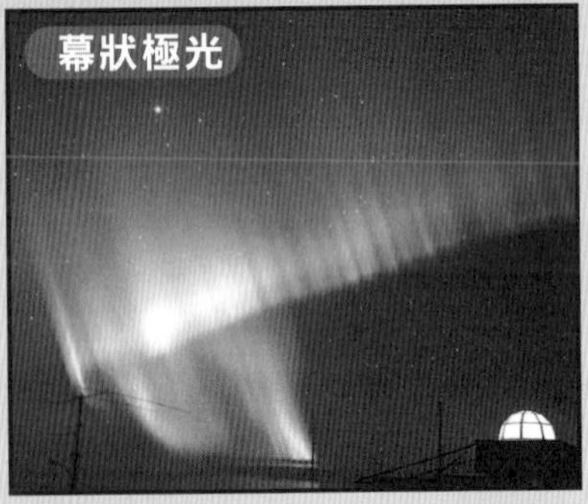
幕狀極光

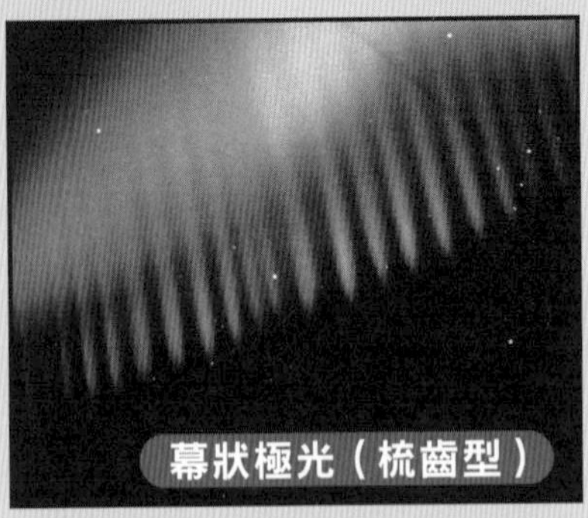
幕狀極光（梳齒型）

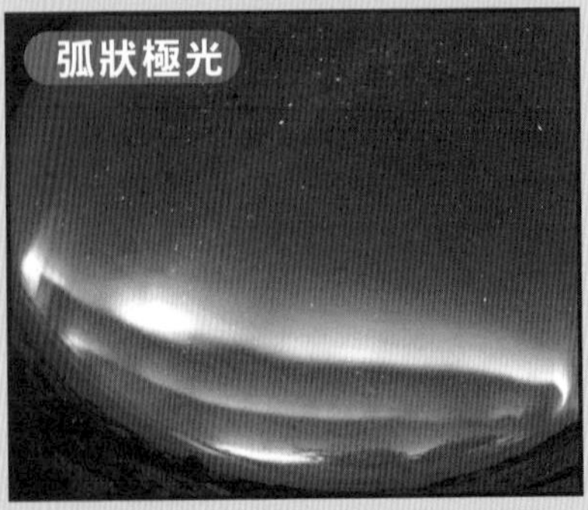
弧狀極光

極光在南極與北極同時出現

引發極光的電漿粒子會同時降落在南極與北極，因此兩極幾乎會同時出現極光，變化方式也很雷同。

科學家從南極與北極基地同步觀測，並且使用人造衛星觀測整個地球，證實了南北極同時出現極光的現象。不過，兩極出現的極光仍有許多不同之處，尚待科學家努力釐清未解之謎。

影像提供／Iowa University

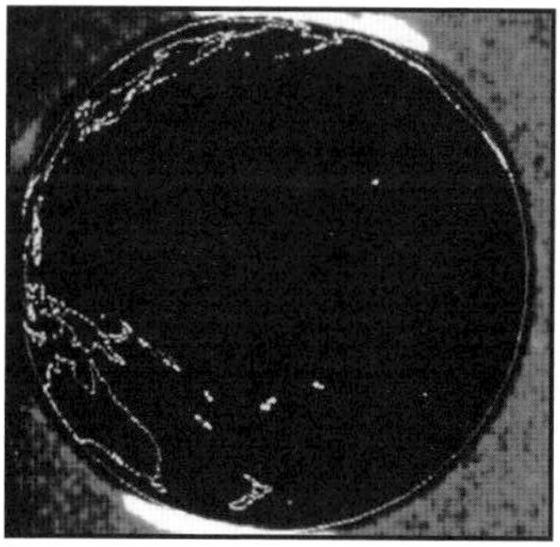

特別專欄　日本有些地方也能看見極光

當太陽表面活動旺盛產生磁暴，攪亂地球磁場，低緯度的地區也會出現極光。特別是在高空發生變化劇烈的極光時，在日本也能觀測到極光最上方的紅光。

古人將這樣的現象稱為「赤氣」，由此可見，早在一千五百多年前古人便已經見證了這樣的自然現象。

地球以外的行星也有極光

引發極光的太陽風存在於整個太陽系，因此地球以外的行星只要有磁場和大氣，也可能產生極光。事實上，在哈伯太空望遠鏡與探查機的觀測下，科學家證實了木星與土星也有類似極光的自然現象。不過，木星與土星的極光發出的是人類肉眼看不見的紫外線，因此即使我們能到這兩顆行星，也無法像在地球一樣看到極光。

影像提供／NASA, ESA, and J. Nichols (University of Leicester)

◀木星的極光。

◀土星的極光。

影像提供／NASA, ESA, J. Clarke (Boston University), and Z. Levay (STScl)

南極是來自外太空的隕石寶庫

「流星誘導傘」。

南極冰原發現大量隕石！

罕見的隕石是可以調查宇宙物質的直接證物，其中蘊藏的太陽系物質皆保持著原有的狀態，可以藉由這些物質解開地球和太陽系的誕生之謎。

遺憾的是，日本列島的陸地面積太小，目前只找到二十顆左右的隕石，科學家們仍無法好好研究。

令人驚訝的是，一九六九年日本第十次觀測隊在昭和基地附近的山區與山脈一帶的冰原上，陸續發現九顆隕石。

最初以為發現隕石純屬偶然，但後來第十四次觀測隊發現十二顆、第十五次觀測隊找到六百六十三顆，引起全世界矚目。

隕石落在南極大陸上會隨著冰床流動帶往其他地方，途中若沒遇到障礙物，最後就會流入大海。但若遇到山脈阻礙無法前進，就會在山區堆積，使山地高度增高。此時冰床越積越高，表面的冰融化後，使得隕石陸續露出冰面。在冰上的黑色石頭全部都是隕石，甚至有一年找到四百多顆隕石，數量之多令人咋舌。在南極發現的隕石統稱為南極隕石，全世界共有五萬顆以上，日本前前後後收集了將近兩萬顆，其中包括十分罕見的隕石。

影像提供／小島秀康

▲掉落在雪地車前方的黑色石頭是隕石。

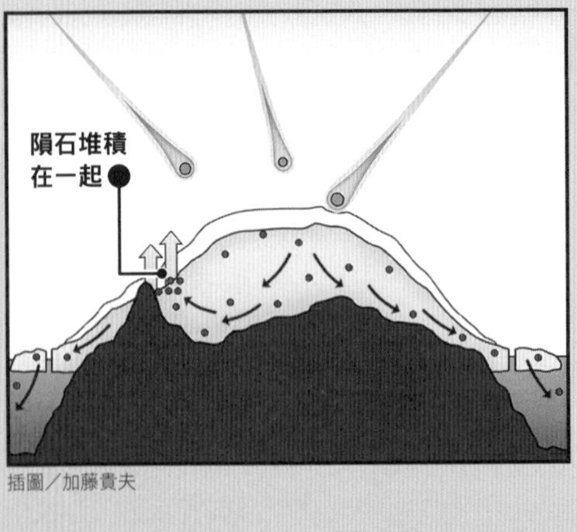
隕石堆積在一起

插圖／加藤貴夫

魏德曼花紋是隕石的證明

影像提供／日本國立極地研究所

▲經過表面處理的隕石。

一般人很難分辨出在地球形成的礦物和隕石，但金屬質地的隕石表面只要經過特殊處理，就會浮現出條狀的幾何圖案，稱為魏德曼花紋。這是融化的金屬在外太空經過好幾百年的時間冷卻凝固而成的圖案，在地球無法利用任何方式製造出來。

特別專欄

日本隕石的名稱取決於郵遞區號？

日本的隕石名稱是以發現地命名的，詳細的地名則是由郵遞區號的範圍決定，若隕石超過兩個以上，再加上 ABC 等英文字母區別。

漫畫中大雄所撿到的 SOS 膠囊可以命名為月見台隕石。值得注意的是，由於南極的隕石數量太多，因此是依照發現地＋年＋發現順序的規則取名。

發現從月球或火星掉落的隕石

來自月球的隕石可以與人類在阿波羅計畫帶回的月球岩石對照確認。月球隕石通常是外星隕石在月球地表撞出撞擊坑時，遭受撞擊的月球地表碎片掉落至地球而成，至今已找到一百五十顆以上。

人類也曾發現來自火星的隕石。科學家發現隕石中含有極少量的氣體成分，與火星探測計畫維京號探測器發現的火星大氣成分極為相似，因此認定該隕石來自火星。

影像提供／日本國立極地研究所

◀來自月亮的隕石。

◀來自火星的隕石。

幫助遇難登山客

不行啦，絕對不行。
人命關天耶！
只要用你的「任意門」，馬上就可以救那兩個人了。
你試試看啊！馬上就會出名喔！
電視台或報社的人會蜂擁而至喔！
不能隨便讓人知道未來世界的祕密啊。
可是…
放心啦~搜救隊也出動了，他們馬上就會得救了。
在白雪山遇難的兩個人，到今天還是沒有下落。
行蹤成謎已經五天了，真是讓人擔心他們的安危。
真可憐……
大家都那麼擔心，只有哆啦A夢毫不在乎。
不要講得那麼難聽。

好吧，去看看。
但只能悄悄看喔。
帶我們到白雪山遇難的那兩人附近。
※颯咻
ビュウウ
幫我拿大衣出來。
不要問我理由。
※咻、咻、咻
ビュウ
好大的風雪!! 我們好像也快遇難了。
ビュー
ビュルルル

勇闖南極冒險號Q&A

Q 目前在南極禁止使用以犬隻拉載的雪橇。這是真的嗎？

A 真的。為了保護南極環境，禁止人類從外地將動物帶進南極。

他們在哪裡呢？
小弟弟，你怎麼穿那樣在這裡遊蕩？
你這樣會遇難的喔。
不可以小看高山，山是很可怕的。
你在和誰說話啊？
這種地方怎麼可能會有小孩嘛。
啊，對喔。
我是不是太累，看到幻影了？
因為我們有整整兩天沒有吃任何東西了。
我們大概已經沒救了。
唉～～好想吃碗熱騰騰的拉麵。

煮泡麵給他們吃。
你們大半夜的在做什麼啊？
被發現了！
你生氣也沒用！無論如何我們都需要這兩碗泡麵。
……
……
我好像也看到幻覺了。
你也看到拉麵了？
明明就不可能有拉麵啊……
就算不是真的，但是很好吃。
好像有精神了。
這樣子，今晚應該就沒事了。

Q

日本的南極觀測基地只有昭和基地一處。這是真的嗎？

A 假的。日本共有四處觀測基地，依成立順序分別為昭和基地、瑞穗基地、飛鳥基地與富士圓頂基地。

那兩個人得救了嗎？
因為天氣惡化，搜救行動中止了。
已經不能拖拖拉拉的了。
快點去救他們。
咦？不見了？
他們好像下山去了。
糟了。
ゴオオー
※颯咻咻
我已經走不動了。
走不動也要繼續走。
笨蛋，在這裡睡著會冷死的！
不過……我也不行了……

有沒有辦法讓他們自力得救呢？
你還在講這種話！
用這個「夢遊棒」吧！
用這個點一下就算睡著了也會動。
ピョコ
※起立
鼾…
把背包放下，揹起朋友，往這邊直走吧。
加油、加油。
鼾…
打起精神來！
ハッ
※揹
你都那麼累了，還特地揹我嗎……
真抱歉。

勇闖南極冒險號Q&A

Q 在南極成立觀測基地的國家，全球超過二十國。這是真的嗎？

A 真的。總計為三十多國，若加上只在夏季開放使用的基地，目前有超過六十五個觀測基地。

不動了。
就算在睡覺，也還是會累啊。
鼾…
鼾…
換人。
咦？你一直在揹我啊？
鼾…
是登山小屋耶！
是他一直揹我，我才能得救的。
才不是這樣。是他揹著我走到這裡的。
不管是誰揹誰，總之你們平安就好。
是啊，而且我們也沒有被懷疑。

發現南極大陸與探險時代

往南尋找未知的南方大陸

人類第一次認為南半球有未知大陸存在，可追溯至距今超過兩千一百年的古希臘時代。相較於已發現的北半球陸地，南半球的陸地較少，因此當時的人們想像南半球應該也有與北半球一樣多的陸地，並將自己的想像畫在地圖上。

▲下方是未知的南方大陸。

一七七三年，由英國海軍庫克船長率領的調查隊，成功克服繞南極流的狂風巨浪，首次抵達南極圈。當時他們距離南極大陸只有一百二十公里，並未發現陸地。不過，他們發現了桌狀冰山，由此斷定南極有陸地存在。

距今約兩百年前，亦即一八二〇年，不同人紛紛宣稱在不同地點發現南極大陸；包括一月二十七日的美國海豹獵人帕瑪，二十八日的俄羅斯帝國海軍中將別林斯高晉，以及三十日的英國海軍布朗斯費爾德。

可以確定的是，第一個發現南極大陸的應該是他們三人當中的其中一人。從宣稱日期來看，帕瑪時間最早。但該日期並未證實附近冰面下有陸地，因此至今仍無法確定誰是第一個發現者。

插圖／佐藤諭

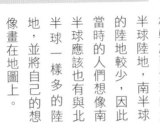

朝南極點邁進
南極探險的英雄世代

根據記載，一八九九年由波契葛雷文克組成的探險隊，創下人類首次在南極大陸過冬的紀錄。

二十世紀，英國、德國、瑞典、法國等國，紛紛派遣南極探險隊。

一九〇九年，人類首次抵達北極點後，全世界的焦點便集中在前往南極點與南地磁極上。

由沙克爾頓率領的英國探險隊，在一九〇九年成功抵達了南地磁極，這也是人類史上的第一次。沙克爾頓探險隊更以南極點為目標航行，最後越過了南緯八十八度，抵達離南極點一百八十公里處。可惜的是，最終並未到達南極點。

▲抵達南極點的阿蒙森探險隊。

至此，兩極地區中，人類只剩南極點尚未一窺其真面目，更使得世界各國卯足全力航行探險。

剛開始，公認最有可能達成此目標的是一九一〇年六月出發、由英國海軍軍官羅伯特・斯科特率領的探險隊。他們準備了當時最先進的雪地車和強壯有力的馬匹，一邊從事學術調查、採集標本，一邊朝南極點邁進。

另一方面，羅爾德・阿蒙森組成的挪威探險隊以抵達南極點為唯一目標，選擇了從來沒人挑戰過的最短路徑，以傳統犬隻拉拖的雪橇為主力，成功的在一九一一年十二月十四日攻克南極點，完成夙願。

而斯科特的探險隊則是在三十五天後，於一九一二年一月十八日抵達南極點。

為了紀念這兩名探險家的壯舉，美國在南極點所設立的科學考察站，特命名為阿蒙森・斯科特南極站。

▼抵達南極點的斯科特探險隊。

挑戰橫貫南極大陸的創舉

抵達南極點後，南極探險英雄時代的下一個目標，是途經南極點橫貫南極大陸。

成功攻克南極點的沙克爾頓，於一九一四年率領英國探險隊挑戰橫貫南極大陸的創舉。不料，探險隊乘坐的船隻遭到撞擊，受困於冰山。儘管所有隊員都逃了出來，但失去船的探險隊陷入面臨全軍覆沒的絕境。

▲ 改造過的救生艇。

幸好沙克爾頓利用僅有的小型救生艇，度過全世界海象最惡劣的德雷克海峽，也順利躲過好幾次翻覆的危機，航行了一千三百公里左右才成功獲救。雖然這次的挑戰以失敗告終，但危急時刻發揮穩定軍心的效果，拯救身陷滅亡風險的所有隊員，沙克爾頓的領袖風範至今仍受人推崇。

在沙克爾頓團隊挑戰失敗的四十多年後，一九五八年，人類終於成功橫貫南極大陸。英國的衛維恩・傅克思爵士領導的探險隊使用以拖拉機改造的雪地車，花了九十九天橫渡三千五百公里。此次探險途中，人類第一次確定南極點的冰層下方有陸地。

▼ 傅克思探險隊使用的雪地車。

國際地球觀測年與南極觀測

沙克爾頓的冒險終結了南極探險的英雄時代，也將南極觀測推入另一個全新的時代。

事實上，南極大陸的地表被冰雪覆蓋，人類無法掌握其全貌。直到一九〇三年飛機發明後，航空科技日新月異，人類才開始運用飛機協助調查南極大陸的地形。

而美國海軍也在一九四六年開始執行高跳行動（Operation Highjump），投入將近五千名人力與大量飛機從事南極觀測，巨細靡遺的拍下南極大陸沿岸的航空照片，調查南極大陸的整體輪廓。

影像提供／Council of Managers of National Antarctic Programs (COMNAP)

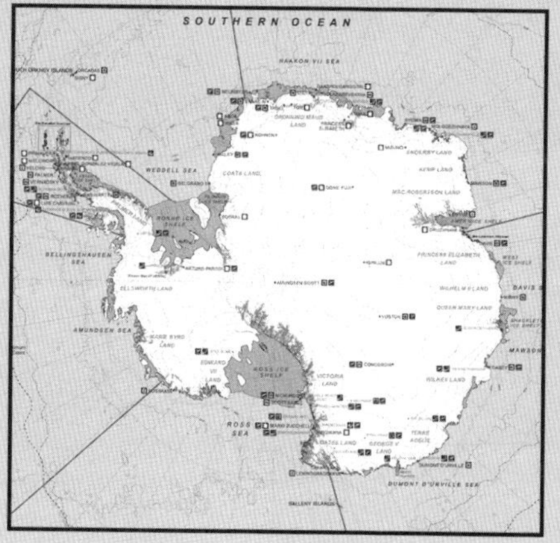

▲南極各地設立的觀測基地。

一九五七到五八年是聯合國訂定的國際地球觀測年，邀集各國共同針對太陽活動、極光、地磁場、冰河等十二個項目一起努力，使得南極觀測成為全球矚目的議題。

當時的日本正值戰後重建期，為了重返國際社會，主動表達參與南極觀測的意願，希望透過運用科學技術的地球觀測計畫，成為各國盟友。正巧遇到挪威因為觀測環境過於嚴酷放棄觀測計畫，日本便接手挪威原本的區域，也就是現在的昭和基地一帶。該地成為日本正式展開南極觀測的起點。

特別專欄

世界第一顆人造衛星是在國際地球觀測年開始運作

配合國際地球觀測年，蘇聯（現在的俄羅斯）成功發射全世界第一顆人造衛星史普尼克一號。從此之後，透過人造衛星進行觀測的技術蓬勃發展，只要看一眼就能立刻掌握南極的整體變化。衛星通訊成為觀測隊與各國聯繫不可或缺的一環。

▲人造衛星史波尼克一號有著四根細長天線。

全球齊心確保南極的和平利用狀態

那麼累了，還特地揹我嗎……
真抱歉。

訂定和平利用原則的南極條約

自從人類找到在南極過冬的方法後，不少國家開始主張自己在南極大陸的土地所有權。

從國家角度出發的想法與科學世界的觀點相悖，為了充分了解南極特有的自然環境，在廣闊地區綜合性的調查地球奧祕，國際合作成為不可或缺的條件。

插圖／佐藤諭

事實上，包含日本在內，共有十二個國家參與國際地球觀測年的南極觀測計畫，成功建立起互相分享觀測資訊的國際合作關係。

有鑑於此，為了讓國際合作關係能更加和平發展，各國簽訂南極條約，確保南極僅用於和平目的。條約主要內容如下：

❶南極僅用於和平目的。
❷自由的南極科學調查並推動國際合作。
❸凍結一切對南極地區的領土要求。
❹禁止在南極地區進行核試驗或處理放射性物質。

由十二個國家起草的南極條約，目前已有超過五十國簽訂，對維持南極的和平狀態與觀測做出極大貢獻。

特別專欄

南極也是觀光勝地？

各位可能不知道，南極是十分受歡迎的觀光勝地，每年約有 4 萬人造訪南極。不過，即使是現代化的大型郵輪，在度過尖叫 60 度的海域時也會激烈搖晃，因此，平時不暈船的人也難以倖免。

雖然路途遙遠，航程也並非一路平順，但南極的自然環境充滿魅力，值得親自感受。

另一方面，人類帶來的物品和生物會危害南極的生態，這一點絕對不可忽視。

想體驗南極的大自然，就必須努力維護環境，這是所有人的責任。

山奥村的怪奇事件

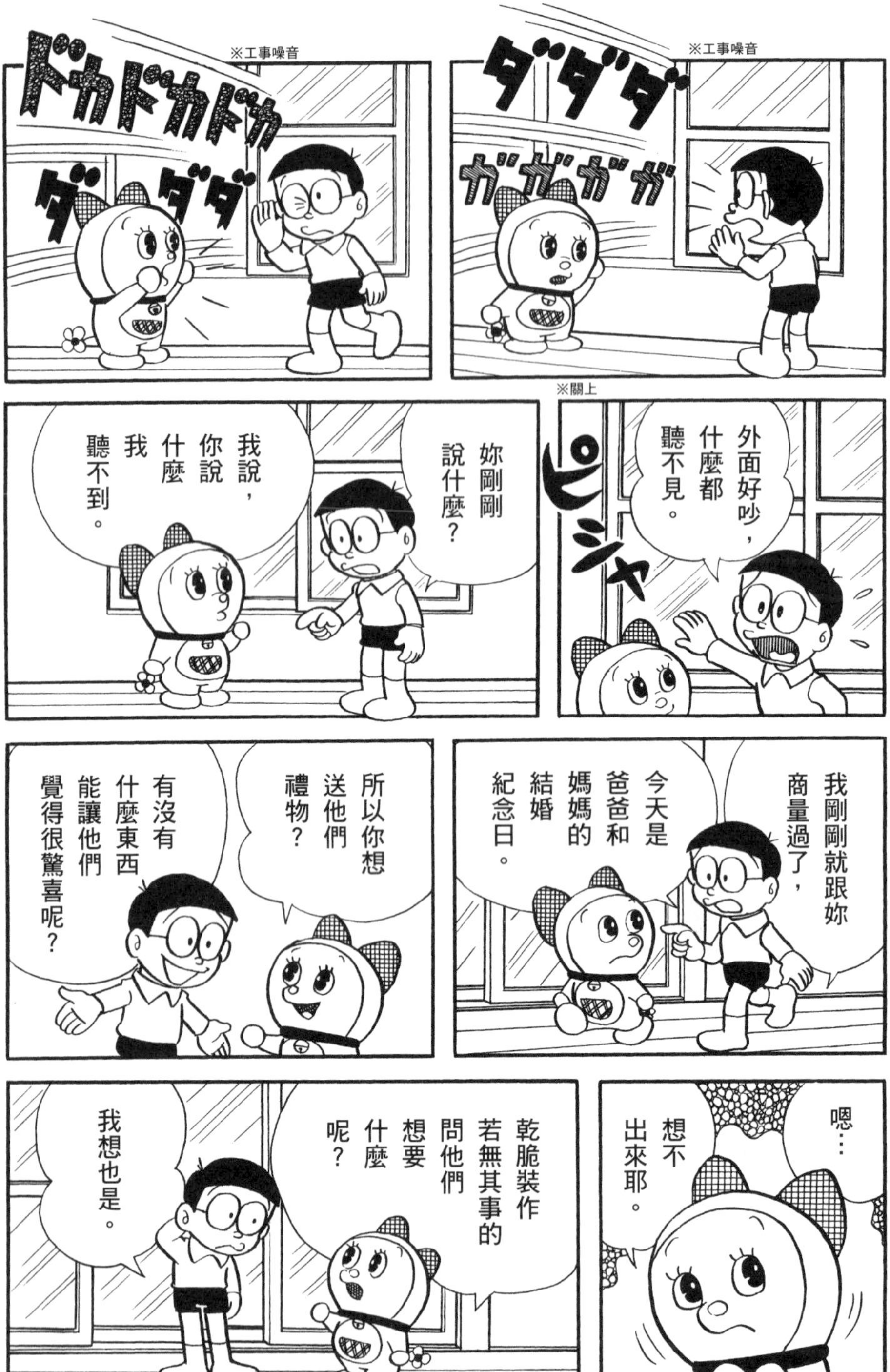
※工事噪音
ダダダ
ガガガガ
※工事噪音
ドカドカドカ
ダダダ
※關上
ピシャ
外面好吵，什麼都聽不見。
妳剛剛說什麼？
我說，你說什麼我聽不到。
我剛剛就跟妳商量過了，
今天是爸爸和媽媽的結婚紀念日。
所以你想送他們禮物？
有沒有什麼東西能讓他們覺得很驚喜呢？
嗯……
想不出來耶。
乾脆裝作若無其事的問他們想要什麼呢？
我想也是。

Q
南極的流星比其他地方多。這是真的嗎？

A 假的。整個地球可以看到的流星數量幾乎相同，不過，由於南極沒有光害，因此可以看到的流星比較多。

爸爸！我有事想問你……
人到哪裡去了？
唔……什麼事啊？
在壁櫥裡也睡不著嗎？
嗯…那個聲音實在太吵，頭好痛。
就是啊。
從早上吵到現在，我都快神經衰弱了。
※工事噪音
ガガガガ
ダダダダ
ドスンドスン
ドドドド
難得的星期日，
至少讓我安靜的睡一覺嘛。
對了！
我想到一個好主意。

Q 南極的昭和基地上有郵局。這是真的嗎？

帶他們去一個遠離喧擾的地方吧。
風光明媚，又可以安靜休息的地方。
有這種地方嗎？
我用電腦找一下。
電腦好像也很頭痛。
ピ
有了!!
高伊山的山奧村。
沒聽過……
去看看就知道了。
ミュウ
只要穿過這個門，哪裡都能去吧。
到山奧村。

※出現

※拿出

A 真的。越冬隊員只需支付與日本國內相同的郵資即可寄信，不過，寄送日本的頻率為一年一次。

哇啊！雪居然積得這麼深！
因為這是在高山裡嘛。

真的沒有半個人在耶。四周靜得令人害怕。
你好……
這裡的居民到底都跑到哪裡去了？
我要進去囉。
ソロリ
※踏
ズボ
※陷入
地板都爛掉了。
呀啊!!
算了、算了。
好像有妖怪會出現，我們回去吧。
才不會出現。

勇闖南極冒險號Q&A

Q 前往南極的長途航程中，下列哪樣物資最珍貴？①淡水 ②鹽 ③砂糖

A
①淡水。現在有一種機器可將海水製成淡水，不過每天可製造的量有限。

只要稍微整理一下，就很乾淨了。
ヌウ
※伸手
我們走吧。
要帶很多東西過去才行。
因為那裡什麼都沒有。
※啪噠、碰噠
※啪噠、碰噠
ドタバタ
※啪噠、碰噠
ドタバタ
※啪噠、碰噠
ドタバタ
ラーメン
バタドタ

你們在忙什麼？
安靜一點好不好。
請進！這是我們送給你們的禮物。
不要客氣！進來休息吧。
這裡可以好好睡覺喔。
這、這裡是哪裡啊？
不行！怎麼可以隨便進去別人家裡。
這裡是高伊山的山奧村。
我們找遍全村，連一隻老鼠都沒有呢。
可、可是為什麼……
一個人都沒有呢？
這我就不知道了。
這樣才好，比較安靜啊。
對了，我曾經在雜誌上看過。

勇闖南極冒險號Q&A

Q 昭和基地產生的生活廢水（如沖馬桶的水）如何處理？①流入海中 ②帶回日本 ③就地掩埋

A

①流入海中。不過不是直接流入，而是先利用微生物進行分解淨化，再讓乾淨的水流入海中。

帳
帳
住在這裡的居民兩、三年前就遷移了。
咦？為什麼？
ラーメン
因為居住環境不好，沒水又沒電的。
學校又遠，而且沒有醫生。
一到冬天，大雪會封閉整個村莊，好幾個月都不能離開。
ポタッ
ポタッ
好安靜喔。
感覺整個人又活過來了。

※滴滴答答

春神誕生～輕拂大地～
四處傳來綠芽喜悅的聲音～
樹上雲雀齊聲鳴唱迎接春天～
他們好開心喔。
太好了。
我們來煮拉麵吃吧。
這裡是廚房吧？
我第一次用爐灶燒開水耶。
※咳、咳
ゴホゴホ
柴火好難點燃喔。
ヌッ
※伸手

勇闖南極冒險號Q&A

Q 昭和基地是觀測下列何種自然現象的最佳場所？①流星 ②月亮 ③極光

A ③極光。昭和基地位於翁古爾島，只要抬頭就能看見極光。

咳咳。
熱水燒開前先去玩一下吧。
呃……
感覺好悠閒喔。
來打雪仗吧。
好吧，好久沒玩囉！
播報下則新聞……
在高伊山失蹤的金原先生，
受困七天至今仍然下落不明。

現場因為有雪崩的危險，搜尋進度受阻。
有、沒有人啊……
給我吃的……
※狼吞虎嚥
總算能發出聲音了。
迷路了七天，完全沒有進食，總算找到村子……
看到人想求救，
結果一靠近，人就不知道跑到哪裡去了。
啊，對面有人的聲音。
喂！救救我啊！

勇闖南極冒險號Q&A

Q 在台灣看見的月亮與在南極看見的月亮有何不同？①沒有不同 ②月亮是顛倒的 ③看不見月亮

A ②月亮是顛倒的。在南極看到的月亮，與在台灣「倒立」時看到的月亮相同。

想不到爸爸很厲害嘛！
我學生時代可是投手喔!!
喂！
救命啊。
ドサ
ドサ
※碰咚
等一下！你們有沒有聽到奇怪的聲音？
是雪從樹枝上掉下來了啦。
原來如此。
嗚…

我們用這些雪來堆雪人吧！
好啊。
※堆、堆
コテ コテ
堆一個特大的。
哇啊！做好了。
在東京的話，應該沒辦法做這麼大的雪人吧。
好想給大家看喔。
搬回我們家的院子裝飾吧。
太大了，搬不回去啦。
※移動、移動
ゴゴ
ゴゴ

勇闖南極冒險號Q&A

Q 在南極不容易感冒。這是真的嗎？

A 真的。感冒是由病毒引起，病毒無法獨立生存，因此在幾無人煙的南極不容易感冒。

ゴー
※移動
載到院子裡去。
鑽得過去嗎？
這可不是普通的門喔。
スポ
※打開
啊，忘了還在燒開水。
肚子好餓。
趕快來煮拉麵吧。
ムクムク
※抖動、抖動
※喀啪

※爬、爬
ズル ズル
誰、誰來……
救救我啊！
誰!?是誰偷吃了拉麵？
怎麼可能會有別人啊？
應該是野獸吧？狸貓、猴子、還是野老鼠？
我來煮好吃的菜給你們吃吧。
圍在火爐旁吃飯的感覺真不錯。
我是第一次。
啊啊，好棒的星期日啊。
大樓工程的聲音也停了。
咦！雪人融化了……

Q 下列那樣物品在日本街頭與昭和基地都可以看到？①電線桿 ②LED告示板 ③警告標識

在高伊山遇難的金原先生，居然被人發現倒臥在東京的馬路上。
咦？真不可思議耶。

A ③警告標識。觀測隊員一時興起，在南極設立了「動物注意」、「極道」等警告標識。

首次登上南極的日本觀測隊做了哪些事？

第一次南極觀測隊 目標直指前無古人的極地！

一九五六年，日本第一次南極觀測隊搭乘破冰船「宗谷號」，從東京的晴海碼頭出發。此次航行的目的地是從來沒有人踏足過的南極大陸哈拉爾王子海岸。

在一九五七至五八年的國際地球觀測年，表明了意願要參與南極觀測的各國，早就已經「説好」各自興建基地的區域。

當時日本是第二次世界大戰的戰敗國，人微言輕，只能分得大國屢次登陸失敗的極險之地進行觀測。

影像提供／日本國立極地研究所

▲第一代南極觀測船「宗谷號」的英姿。

首座基地 完全靠人工興建

當時國際社會都認為「日本觀測隊不可能成功登陸南極」，沒想到日本觀測隊戰勝了不可能，於一九五七年一月完成目標。在將近兩個月的航行後，第一次南極觀測隊成功踏上了哈拉德王子海岸的翁古爾島。

抵達南極大陸的第一次南極觀測隊肩負的使命是在南極「興建基地」。觀測隊員不眠不休的利用雪地車、雪橇，從停在岸邊的「宗谷號」運送物資到翁古爾島，蓋出內含三棟建築物與發電所的「昭和基地」。

影像提供／日本國立極地研究所

▲初竣工不久的昭和基地。

插圖／佐藤諭

最低氣溫達到攝氏零下四十五度，還不時吹起秒速可與新幹線列車媲美的暴風雪，在如此嚴苛的環境下興建基地，真的很不簡單。這一切都要歸功於事前的嚴格訓練與萬全準備。

日本的北海道冬季嚴寒，湖面結出一層厚厚的冰，先遣隊員將結冰的湖面當成南極，在北海道進行一個月左右的訓練。

其中也討論了如何以有限人力在短期內蓋房子，最後決定採用預鑄建築工法，也就是先在工廠做好骨架、鋼板，接著運至當地組裝。日本在南極測試與實際運用的技術，也活用在其他領域裡。

第一次南極觀測隊蓋好昭和基地後，留下十一名越冬隊員，足夠的糧食與燃料，平安返回日本。日本在南極的嘗試創下了意料之外的佳績。

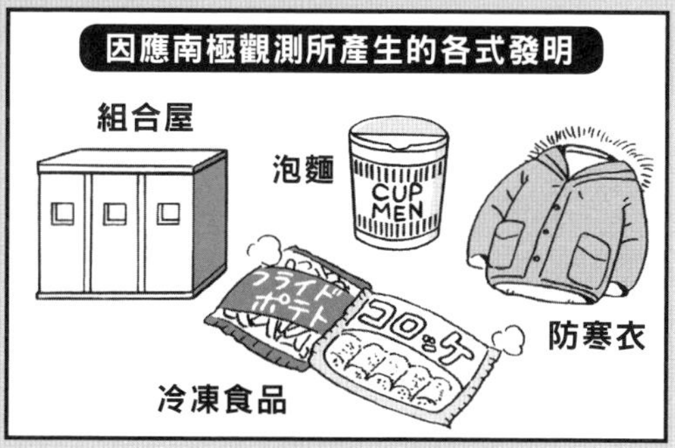
因應南極觀測所產生的各式發明
組合屋
泡麵
CUP MEN
防寒衣
フライドポテト
コロッケ
冷凍食品

特別專欄

太郎與次郎奇蹟生還 感動日本社會

繼第一次南極觀測隊創下壯舉後，隔年「宗谷號」載著第二次南極觀測隊前往昭和基地。無奈海冰過多，阻礙航行，就這樣被困在海中將近一個月。如果繼續下去，別說是送第二次南極觀測隊到基地，就連「宗谷號」也將不保。危機迫在眉睫的當時，船長決定即刻派出雪上飛機往返救援。在好不容易救出第一次越冬隊員後，不得已做出最困難的決定——「終止第二次南極觀測隊的越冬計畫」，宗谷號返回日本。第一次南極觀測隊員帶去的十五隻樺太犬，就這樣被留在空無一人的基地裡。

大約一年後，日本為了彌補去年的遺憾，派遣第三次南極觀測隊前往南極。隊員們無不對去年留在南極的樺太犬感到愧疚，認為牠們恐怕早已遭到不測。沒想到，此時先到基地上空進行調查任務的雪上飛機傳來消息，說「基地附近有動物的影子。」於是發現了成功度過南極的嚴酷寒冬、倖存下來的太郎與次郎。

影像提供／日本國立極地研究所

南極觀測的最新狀態

日本觀測據點「昭和基地」的現狀

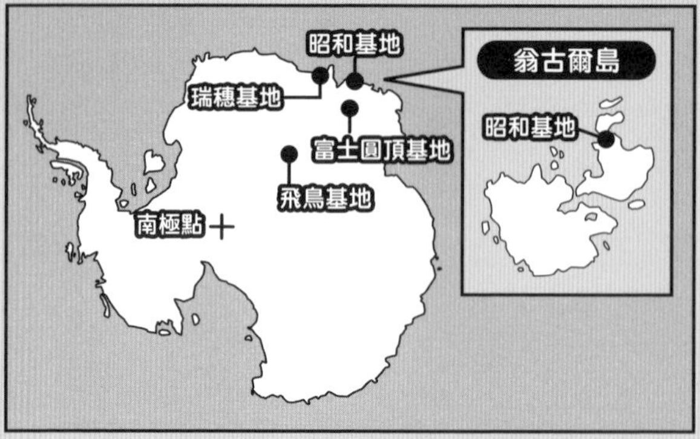
昭和基地
瑞穗基地
富士圓頂基地
飛鳥基地
南極點
翁古爾島
昭和基地

昭和基地從四棟與學校教室差不多大的建築物起步，後來經過多次的改建和增建，逐漸充實各種設備。目前共有六十八棟建築物，總面積逼近一座足球場大。

隊員平時出入的地方是「管理樓」，裡面包含隊長室、通訊室、餐廳、廚房等設施。與日常生活有關的建築物以高架式走廊相連，隊員無須走出戶外。四周遍布觀測天體、氣象與生物的建築物或雷達。

除了昭和基地之外，日本也設立了其他三個觀測站。其中，「富士圓頂基地」設立在內陸地區海拔高度三千八百一十公尺處，觀測隊利用其地利之便，在富士圓頂基地進行各項調查。

影像提供／日本國立極地研究所

透過氣球俯瞰
昭和基地的模樣

在嚴酷環境觀測地球與外太空的意義

「富士圓頂基地」特地設立在冰床高處，為的就是利用鑽頭鑽探冰床最深處，採集圓柱狀冰床樣本。

堆積在南極大陸上的雪慢慢變成冰，經過幾十萬年的時間，成為又厚又重的「冰狀地層」，也就是冰床。無論是冰床本身，或密封在內的空氣，都像時空膠囊一樣封存著當初形成時的樣貌。換句話說，人類可以從中了解遠古時代的地球氣候與環境。

▲ 利用塑膠氣球進行高層氣象觀測。

▲ 從冰床鑽探出來的圓柱狀樣本。

影像提供／日本國立極地研究所

基地周邊的最低氣溫約為攝氏零下八十度，由於空氣稀薄，只要稍微活動一下就會喘不過氣。日本觀測隊在如此嚴酷的環境中，試著鑽探冰核。觀測隊花了六年的時間準備，並進行鑽探作業，終於成功深入三千零三十五公尺的冰床底部，採集沉睡七十二萬年的冰核樣本。

南極又稱為「向宇宙開啟的地球之窗」。日本觀測隊除了在富士圓頂基地進行冰床調查，也持續觀測因太陽活動引起的極光現象，收集臭氧洞的監測數據，執行的任務相當繁重。

特別專欄

採用最新技術的新設施「自然能源館」

「自然能源館」是基於「可承受南極環境，利用南極特有氣象」的概念所設計出來的最新建築。建築物的獨特外形可引導風向，減少風吹雪形成的積雪。此外，使用太陽能的暖氣設備，讓這棟建築物在夏季的室內溫度達到攝氏二十度，十分宜人。

影像提供／日本國立極地研究所

南極觀測船「白瀨號」的航程與船上生活

一到冬天，大雪會封閉整個村莊，好幾個月都不能離開。

影像提供／日本國立極地研究所

▲利用噴水減少船體與雪地之間的摩擦，採用撞擊破冰法航行。

破冰船是什麼樣的船？

二〇〇九年開始服役的「白瀨號（二代）」，最多可搭載八十名觀測隊員，亦可運送更多物資。

「白瀨號」的破冰能力可說是傲視全球，在相當於人類的步行速度之下，一邊擊碎最厚一點五公尺的冰，一邊往前航行。遇到超過一點五公尺的冰層時，就改用「撞擊破冰法」航行。先將船往後退，再全力加速「助跑」，讓船首駛上冰層，利用船隻重量將冰層撞碎。此時必須用到船頭噴水功能，減少海冰上的積雪與船的摩擦，讓船隻可以順利前進。

昭和基地的四周被稱為「多年生冰層」的厚重海冰包圍，冰層最厚達六到七公尺，積雪也有兩公尺。「白瀨號」每年都要採用「撞擊破冰法」航行數千次，以一天數公里的速度前往基地。

歷代觀測船的大小比較

	宗谷號	富士號	白瀨號	白瀨號（二代）
服役	1938 年 6 月	1965 年 5 月	1982 年 11 月	2009 年 5 月
南極觀測	第 1 ～ 6 次	第 7 ～ 24 次	第 25 ～ 49 次	第 51 次～
外形				
全長	83.6m	100m	134m	138m
最大寬度	12.8m	22m	28m	28m
最快速度	13 節	17 節	19 節	19 節

船隻的舒適度與船上生活

破冰船的船底是圓形的，這是為了方便讓船首駛上冰層，加速破冰速度所設計。不過，也由於這個緣故，船隻容易搖晃。前往南極大陸一定要通過暴風圈，縱谷號就曾經發生過船身傾斜六十二度的驚險場面。

姑且不論船身搖晃問題，船內設備十分齊全，船上生活可以說是方便又舒適。隊員住的雙人房裡除了床鋪之外，還有桌子，艙內馬桶皆配備溫水洗淨功能。還有理髮室、洗衣間、健身房和浴室。比較特別的是，洗澡時使用的是海水。

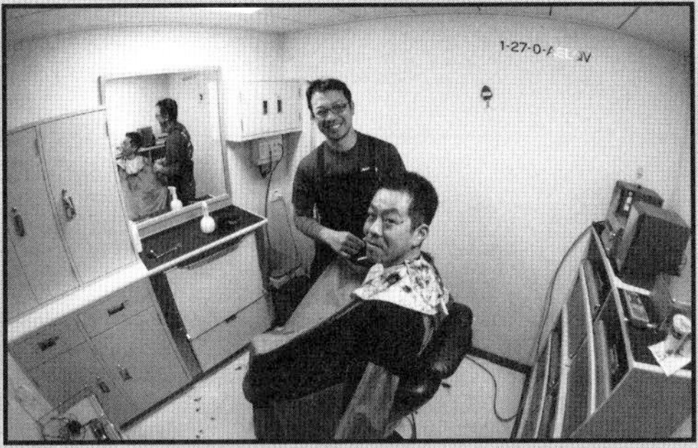

▲在船上生活超過一個月，頭髮就會長長。不過，船上沒有美髮師或理髮師，只能靠隊員們互相幫忙剪頭髮。

影像提供／日本國立極地研究所

特別專欄

雪地車是南極版「露營車」

觀測隊從昭和基地前往數千公里遠的南極內陸地區進行調查時，隊員們必須駕駛雪地車，此時雪地車也成為隊員們生活起居的地方。

雪地車可以爬上比富士山還高的地方，行駛在冰雪形成的「沒有路的道路」上，還能乘載沉重的設備物資。隊員們在這幾個月之間必須住在雪地車裡，因此車上配備了暖氣、廚房及床。

太陽能的暖氣設備，讓這棟建築物在夏季的室內溫度達到攝氏二十度，十分宜人。

▲最新的大型雪地車與車內裝潢，緊急時可當避難所使用。

影像提供／日本國立極地研究所・JARE56 高橋學察

雪山羅曼史

我不要。
每次說要一起做功課，最後都是你在抄我的而已。
偶爾也要自己一個人做吧！
…………
我開始擔心了。
什麼事？
之前不是用「時光機」去未來看過我和靜香以後會結婚嗎？
可是，現在怎麼看都沒有這種感覺。
嗯，連我也覺得很不可思議呢！

為什麼那麼好的女孩會和大雄在一起呢？
明明就有很多更好的男人啊！
太過分了吧!!
所以為了安心，你想要確認一下？
我知道了。
十四年後的十月二十五日，你們訂婚了。
所以要往前一點看。
這是青年時的大雄。
哈啾！
看起來不怎麼樣。
是靜香。
你說清楚嘛!!
要去？還是不去？
我是想去，可是……
我怕很陡的山坡，如果是平一點的山就好了……
一點長進也沒有。
算了！真是夠了。
我找別的朋友一起去。

勇闖南極冒險號Q&A

Q

有魚可以生存在冰沙狀的冰水中。這是真的嗎？

A 真的。平時生活在冰層下方的博氏南冰螣，也能優游於冰沙狀的冰水裡。

※喀喳
ガチャ
我自己都看不下去了，快轉吧！
※咻～
ビュゴオ……
只有靜香一個人……
奇怪!?
在霧中和朋友走散了嗎？
那青年時的大雄在做什麼？
因為感冒加重，只能躺在床上!!
看不下去了！
……等等喔！
對了!!
原來是這樣啊！
這樣就能解開謎題了！

Q 南極的魚放在冷凍庫裡也不會結凍。這是真的嗎？

把「時光布」借給我！
快點！
好啦！
你想要幹什麼？
十四年後的我！
接著再搭時光機去救靜香，
靜香一定會很感動。
她會說「真是太可靠了!!」
然後因為這樣和我結婚～～
你不用來幫我。
我要靠自己的力量來救她。
啦啦啦！
靜香～～我來啦～～

A 假的。即使是能在酷寒環境中生存的南極魚類，放入攝氏零下三十度的冷凍庫中依然會結凍。

找到了!!
靜香！
大雄!!
你來了啊!?
我來了！妳就放心吧!!
我幫妳拿背包。
好啦！不要客氣。
沉重！
唔!!
唔唔唔……
還是我自己背吧！
咳哼……
遇難時不能亂走，還是看地圖確定一下比較好。

你帶世界地圖來嗎？真像你的個性。
電子羅盤會告訴我們怎麼走。
那就好。
這裡有個岩洞，先休息一下吧。
好吧！先休息也好。
在雪山最怕的就是凍死，先升火才能保持體溫。
火柴或許都溼了，但妳不用擔心。
我知道怎麼升火。
只要把樹枝在木頭上摩擦就可以了。
還是不行。
那……要不要用打火機？

勇闖南極冒險號Q&A

Q

南冰洋與北冰洋何者較大？①南冰洋 ②北冰洋

A ①南冰洋。地球的海洋大致可分成五大洋，南冰洋位列第四大，北冰洋排行第五。

有打火機怎麼不早說。
我看你那麼認真，不好意思說……
哈啾！
ブルブル
※抖、抖
好冷喔！
把這個穿上，我沒關係的。
ブチャ
哎呀！全是溼的。
※溼透
居然穿這樣跑到雪山來，
再不脫下來會凍死的。
可是我沒衣服換。
毛毯借你。
不好意思。
哈啾！
我帶了很多吃的東西。
真的嗎!?好高興。
不過，你該不會只有帶罐頭而沒有帶開罐器吧？

果然……
攜帶式的食物還有一些，分給你吧！
只要吃一顆就會飽了。
還真方便呢！
呼嚕……
看來真的很累了呢！
風雪停了。
我們走吧！
小心一點，
這附近很容易滑倒。
ドターッ
※碰咚
腳扭傷，眼鏡也不見了，走不動了啦！
我已經用無線電求救了，
馬上就會有人來了。

勇闖南極冒險號Q&A

Q 日本研究團隊二〇一五年在南極首度發現的菌類能夠在冰點下成長。這是真的嗎？

真是一場糊塗。
一切都完蛋了。
接著不知道會怎麼樣？
我不想看！
我會和大雄結婚。
謝、謝、謝謝妳!!
沒有在你身旁照顧你，好像會很危險。
這種樣子也太難看了吧！
所以你更要好好鍛鍊，當一個男子漢才行。

A 真的。人類已將菌類可在低溫環境生存的特性，運用在藥品研發等領域上。

風雪停了。

抵達昭和基地的觀測隊員在做什麼？

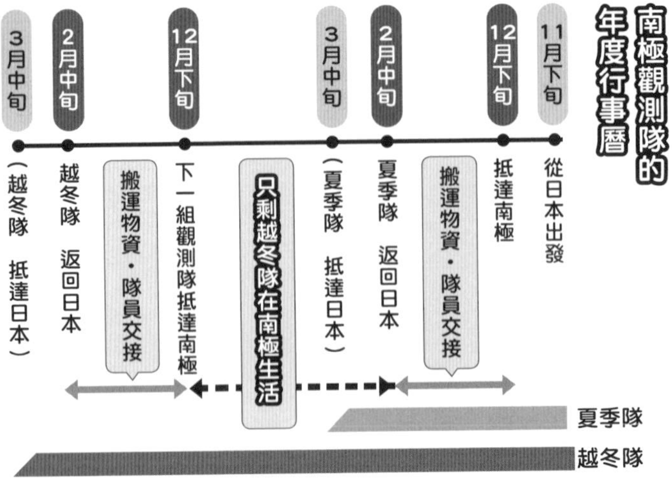
南極觀測隊的年度行事曆
11月下旬
從日本出發
12月下旬
抵達南極
搬運物資・隊員交接
2月中旬
夏季隊 返回日本
3月中旬
（夏季隊 抵達日本）
只剩越冬隊在南極生活
12月下旬
下一組觀測隊抵達南極
搬運物資・隊員交接
2月中旬
越冬隊 返回日本
3月中旬
（越冬隊 抵達日本）
夏季隊
越冬隊

搭載下一梯次觀測隊員與物資的「白瀨號」，每年只前往一次基地。2月中旬白瀨號離開南極後，直到12月為止，整個基地只有數十名越冬隊員一起生活。

基地最熱鬧的兩個半月

南極觀測隊約有七十名成員，其中在昭和基地度過一整年的隊員稱為「越冬隊」。人數占一半的「夏季隊」則協助越冬隊從事野外觀測、調查與建設基地。

十二月下旬，新一批觀測隊員搭乘的「白瀨號」抵達昭和基地後，便立刻著手搬運物資，展開建設作業。

南極的夏天很適合在戶外活動，只不過時間相當的短。包括前一批駐紮的越冬隊，剛抵達的越冬隊和夏季隊，加上「白瀨號」的機組人員都必須要總動員，利用有限時間做好所有準備。

影像提供／日本國立極地研究所

▲ 每年2月1日舉行「越冬交接儀式」，完成任務的觀測隊將基地交給下一梯次的觀測隊。

影響隊員們過冬的因素

越冬隊是否能按照計畫完成觀測與調查，一切皆取決於「物資」。其中最重要的是燃料搬運。暖氣、照明都需要柴油發電機發電，雪地車也需要燃料發動引擎。總的來說，燃料是維持南極生活不可或缺的資源。

只要「白瀨號」能夠停靠在距離基地一公里以內的地方，就可以利用輸油管將油運送至基地的油槽中儲存。不過，每年氣候狀況不同，有時基地四周結滿厚厚冰層，「白瀨號」根本無法靠近基地。這個時候就要將燃料分裝至鐵罐或油槽，再利用直升機來回運送燃料。搬運物資的主角是「白瀨號」上搭載的大型直升機，運送速度比透過雪地車快，也無須擔心遭到海冰破壞，可將燃料安全運送至基地。

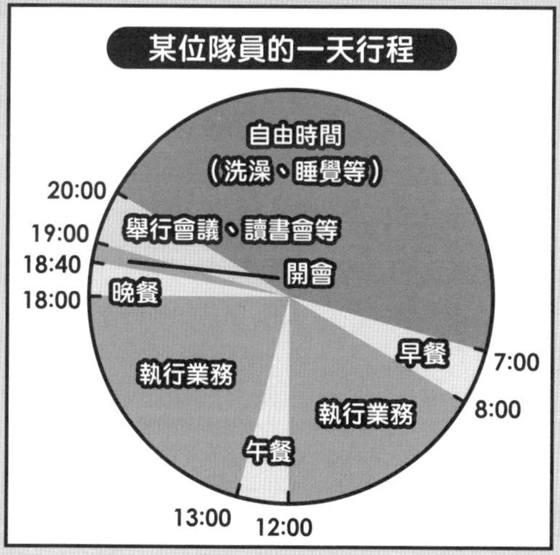

某位隊員的一天行程
自由時間
（洗澡、睡覺等）
20:00
19:00
舉行會議、讀書會等
18:40
開會
18:00
晚餐
早餐
7:00
執行業務
8:00
執行業務
午餐
13:00
12:00

二月中旬，完成任務的夏季隊與前一批越冬隊搭乘「白瀨號」離開南極，昭和基地的所有業務皆移交給新的越冬隊。接下來的一年裡，只有他們待在昭和基地。

「在規定時間起床、規定時間就寢」是基地生活的鐵則。為了能平安度過漫長的南極生活，維持身體健康，規律的生活作息管理是絕對不可忽視的紀律。

影像提供／日本國立極地研究所

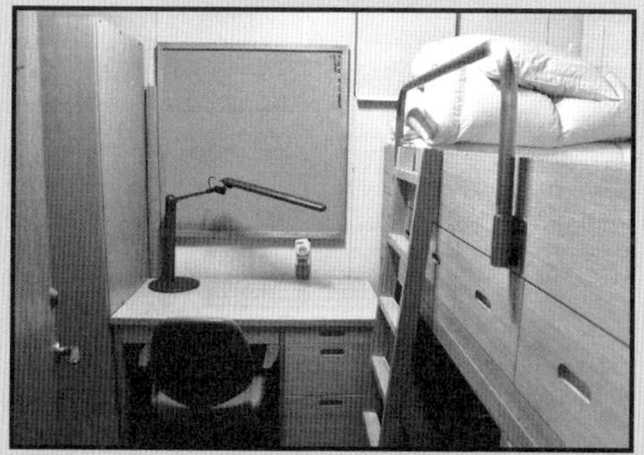

▲ 昭和基地越冬隊員的房間。室內坪數與商務旅館的單人房差不多大。

基地空間十分有限，如何讓隊員們和睦相處也是很重要的關鍵。隊員們必須向歷屆越冬隊前輩學習他們的經驗與智慧，所有人一起溝通，共同決定生活守則。

南極生活與一般生活的異同之處

認真執行自己的任務

一提到南極觀測隊，大多數人都會以為這是由一群研究學者組成的隊伍，專門從事與自然科學有關的觀測與調查。

事實上，在被南冰洋封存的南極大陸上生活，不能只專注在觀測與調查，還必須嚴格管理自己的生活。從踏上昭和基地、展開南極生活的那一天起，直到下一次「白瀨號」抵達南極為止，中間沒有任何人員過來交接，也沒有任何物資運補。無論發生任何事，都必須靠所有隊員互相支援，一起解決。

有鑑於此，越冬隊的成員分別來自不同業界，共同維持基地生活。其中包括維護建築物、觀測設施與車輛的維修人員，負責管理基地通訊的通訊士，以及護士、醫生等。總結來說，唯有研究學者與來自各領域的專家齊心協力，才能完成南極觀測。

基地裡的小小「城鎮」！

某位相隔數十年再次造訪昭和基地的南極觀測隊員表示，沒想到現在的設備比以前齊備那麼多，令他十分訝異。除了基本的浴室、廁所，就連酒吧、交誼廳等娛樂設施都一應俱全，甚至還有醫務室、理髮室與蔬菜栽培室。

隊員們可以透過衛星電話與家人、朋友聊天，還能上網收發電子郵件。

◀為了因應緊急狀況，醫務室裡有正式的手術檯和相關儀器設備。

▼水耕蔬菜設備。不使用土壤，只靠水和 LED 燈種植蔬菜。

影像提供／日本國立極地研究所

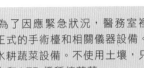

影像提供／日本國立極地研究所

◀▲ 用料與味道和日本一模一樣，令人驚豔！隊員們每天被工作追著跑，晚餐會盡可能聚在一起吃。

南極生活既忙碌又難熬，隊員們最期待的就是每天的吃飯時間。基地有兩名廚師，供應日本料理、中華料理、法國料理和義大利料理，讓隊員們每天都能吃到不同菜色。唯一令人玩味的是，每個星期五的午餐一定是咖哩飯，這一點十分有趣。

南極的冬季不容易感受到環境變化，更何況還有一個半月處於「永夜」，太陽一整天都不會出來。長久下來，會讓人失去時間感，忘記今天星期幾。據說為了幫助觀測隊員找回時間感，才特意選在每個星期五的午餐供應咖哩飯。

趁著辛苦工作的空檔享受娛樂活動！

南極從五月底開始進入永夜，迎接不久後冬至的到來。為了慶祝冬至，在南極生活的各國越冬隊，都會在自己的越冬基地舉辦傳統活動「冬至慶典」（Mid-winter Festival）。

所有人在南極一起盛大慶祝冬至的到來，各國基地之間也會互相發送訊息，除了讚許觀測成就，也祝賀彼此平安順利。

影像提供／日本國立極地研究所

▲ 他們看起來玩得很開心？可是，感覺也好冷！越冬隊雪上美式躲避球對抗賽！

▲ 慶祝南極冬至，在「雪屋酒吧」乾杯！

謊言成真擴音器

你這次考試實在考得太差了!!
其實是因為……我媽媽生病了……
什麼!?
你媽媽生病!?
我整晚沒睡照顧媽媽，所以沒有唸書……
那就沒辦法了，希望你媽媽能早日康復。
胡說八道！
小夫的媽媽每天都活蹦亂跳的去慢跑耶。
我真是受夠了那傢伙的謊言。

Q 北冰洋也有巨烏賊。這是真的嗎？

小夫，今天考試考得怎麼樣啊？
今天沒有考試。
沒有!? 這是怎麼回事啊？
老師發考卷發到一半突然倒下，連救護車都來了，超混亂的。
天啊～
我出去玩了。
你們看，很棒吧？
真好！
好棒喔！
什麼？
我也要看。
說得倒簡單，這平常可是看不到喔，不過今天就破例讓你看！
你看！

A 真的。研究顯示，全世界的海域都能發現巨烏賊的蹤跡。

這是小翼的照片耶，是我朋友拍到的。
我硬是把它要來了。
這種照片只要我想拍，隨時都能拍到啊。
什麼!?
我和她可是要好到可以互叫小名喔。
製片場的社長和我爸爸也是朋友。
她有時候也會來我家玩呢。
今天應該也會過來吧！
真的假的!?
我會拿照相機過去的。
放心啦～我不會厚臉皮的要求你讓我和她見面，
只要讓我在遠遠的地方拍照，就夠幸福了。
結果你就這樣答應他了啊。
這也是情勢所逼啊……
要是現在才跟他說是騙人的，一定會被砍頭的啦。

誰叫他自己要說謊啊。
唉…也不能坐視不管。
這個道具是「謊言成真的擴音器」。
只要用這個說出來的謊言最後都會變成真的。
體積很小，要放進口中。
※丟入
※噠、噠
任何謊言都可以成真嗎？
你可以試試看。
パク
狼來了！
ドッタ
ドタ
啊嗚…

勇闖南極冒險號Q&A

Q

北極熊的主食是下列哪一樣？①海豹 ②鮭魚 ③狐

A ① 海豹。北極熊會在冰上獵捕海豹吃。

※碰
幸好用麻醉槍打中牠了。
嚇到你們了，
這隻西伯利亞狼是從動物園逃出來的。
小翼會來我們家喔。
今天、等一下、馬上就會來喔。
她什麼時候會來？
馬上就來了。
小翼會很在意的，你先躲在院子裡。
好的。
有人在嗎？
不好意思……

Q 北極也有企鵝。這是真的嗎？

我們正要前往電視台，車子卻不小心在貴宅前故障了……
想跟你們借個電話叫替換的車子來。
請進請進。
在車子來之前，進來喝杯茶吧！
哇啊！她真的來了耶!!
カシャ
カシャ
※喀噠、喀噠
他是誰啊？
是我的朋友，很無聊的一個人，他很迷小翼妳。
她說可以和你一起拍張照。
哇啊!!
嚕嚕嚕♡
好像進行得很順利。

太好了。
那把擴音器還給我吧！
我才不要。
只要把這個放在嘴裡，就可以光明正大、輕輕鬆鬆的騙人了。
怎麼可以這樣!!
我才不會讓你這樣隨便騙人!!
就算使用蠻力也要搶回來！
勸你最好別這樣。
我跟國中生的不良少年可是很熟喔。
要是對我出手的話，那些傢伙可不會饒了你們。
就算他說謊也會變成真的，快逃吧!!
真好玩耶。
接下來撒什麼謊好呢？
你媽媽的身體怎麼樣了？
咦!?

A 假的。野生企鵝只棲息在赤道附近到南半球的區域。

Q 北冰洋比太平洋和大西洋淺。這是真的嗎？

你說你徹夜照顧媽媽，所以老師才來探病啊。
那、那個……
現在…無法會客……
狀況這麼差嗎!?
那就請她保重身體。
謝謝老師的關心。
嗚……嗚……
？
我渾身發冷、頭暈目眩…好像快要死掉了!!
媽媽真的生病了。
哆啦A夢！
喂…站住！
我們正要去你家玩咧。
誰叫我們是好朋友嘛。

A 真的。北冰洋的三分之一是一片大陸棚，海底相當淺。

你這傢伙幹嘛要逃啊!!
什麼!?你媽媽真的生病了!!
我跟你道歉，你快救救她!!
得按下擴音器的取消鍵才行，快點吐出來!!
呸、呸……怎麼吐不出來啊？
掉到蛀牙的洞裡了啦。
※嘰～、嘎～
ギャ～
ギエ～～
齒科医院
人果然不能說謊，一說謊就沒好下場。

狼來了！

了解另一個極地「北極」！

南極與北極何者較冷？

接著一起來了解地球的另一個極地「北極」，加深各位對於極地的知識。有南極當然也有北極，儘管這兩個地方都給人「寒冷」、「多冰」的印象，但實際上有許多不同之處。

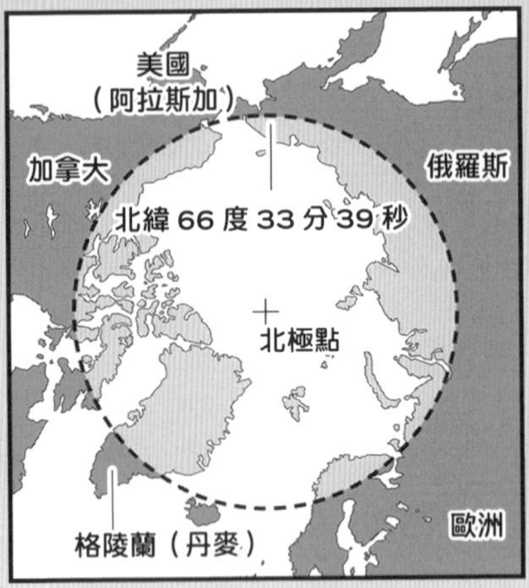
美國
（阿拉斯加）
加拿大
俄羅斯
北緯 66 度 33 分 39 秒
北極點
格陵蘭（丹麥）
歐洲

▶北極與南極不同，極點附近沒有陸地。四周還有不少國家。

插圖／加藤貴夫

南極圈有一個以南極點為中心、幅員遼闊的南極大陸。如上圖所示，北極圈（北緯六十六度三十三分三十九秒以北）只有周圍一部分有大陸存在，北極點附

南極與北極的差異

	南極	北極
陸地或海洋	幾乎都是陸地	除了島嶼和部分大陸之外，幾乎都是海洋
高度	平均約 2500m（最高 4800m）	僅數公尺
全年平均氣溫	約 -50℃（南極點）	約 -18℃（北極點）
生物	很少	種類與棲息數量都很多
人類活動	大約從 200 年前開始	大約從 4 萬 5000 年前開始
人口	約 1000 人（皆為觀測者）	約 400 萬人（有原住民）
領土權	不屬於任何國家	不同地方屬於不同國家
資源開發	未開發	積極開發

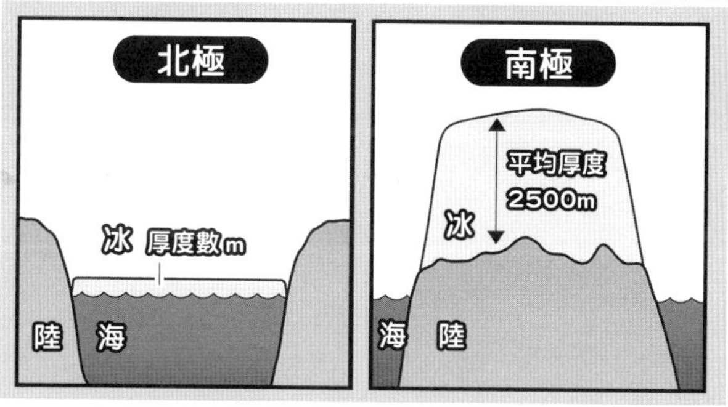

插圖／加藤貴夫

近幾乎都是海。

南極大部分是陸地，上面覆蓋著厚重的冰床；北極則大部分都是海，海上漂著海冰。不僅如此，南極的冰床最高處達四千八百公尺，而北極的海冰卻只有幾公尺厚，到了夏天，一部分的海冰還會融化。

由於上述緣故，南極大陸的海拔高度較高，距離相對溫暖的海域較遠，因此比北極冷。南極點的年平均氣溫約為攝氏零下五十度，北極點附近則是攝氏零下十八度左右。

其他關於居住的人類、動物數量、領土權之爭（爭奪地盤）、資源開發等議題，南極與北極也有些許不同。話說回來，南極與北極究竟有何異同之處？像這樣條列出來之後，可以幫助我們更加了解南極。

北極的冰是如何形成的？

參照前頁地圖即可發現，北冰洋四周都是陸地。由於這個緣故，絕大多數的海冰被封鎖在北冰洋中，只有少數海冰從格陵蘭島東邊的弗拉姆海峽流入大西洋。為了在海上航行，必須像南極一樣出動「破冰船」。

儘管北冰洋是「冰之海」，但海底有火山，有時還會噴發形成小島。冰島就是這樣形成的。

話說回來，北極大氣溫度較低，空氣中的水蒸氣也跟在南極一樣會結凍，形成結晶，稱為霜花。霜花的形成有幾個條件，首先，氣溫必須達攝氏零下十五度，四周不可起風，也不能下雪。

▲在北極採集的霜花。

影像提供／北海道大學低溫科學研究所的場澄人

北極的生物比南極多？

北極的動物擁有某種特殊能力？

各位知道北極與南極哪個地方的動物和植物比較多？北極點附近都是海洋與海冰，但北極圈四周有許多大陸，這些大陸分別延伸至低緯度地區。此外，北極的氣溫比南極高，從這些地理和氣候條件來看即可得知，北極的生物比南極多。首先，一起來看看北極的代表性動物。

影像提供／日本國立極地研究所

說起北極的動物，一般人首先想到的一定是北極熊，也有人以體毛顏色稱牠為白熊。不少插畫家將北極熊畫得十分可愛，事實上，北極熊是地球上最大的肉食動物，雄性北極熊的體重為三百到八百公斤，體長達三公尺。令人意外的是，牠跑起來可達時速四十公里。身材上的優勢使得北極熊成為食物鏈最頂層的霸主。

此外，北極還有許多令人印象深刻的獨特動物，包括幫聖誕老人拉雪橇的馴鹿、鳥喙與雙腳呈鮮豔橘色的北極海鸚，還有漫畫中常出現的北極狼、有海中獨角獸之稱的一角鯨等。

另一方面，受到南極條約規範，南極沒有任何外來動物，但北極沒有類似的禁令，當地原住民自古以來就積極利用動物維持生活。

▼一角鯨屬於小型鯨魚，自古被認為擁有治療疾病的神奇力量。

插圖／加藤貴夫

北極常見植物有何特色？

接著來看北極的植物。北極周邊氣溫較高的地區，主要生長葉片細長的針葉樹木，稱為泰加林（北寒針葉林）。北部寒冷地區的土地幾乎全年結凍，只有短暫的夏季地表附近的冰會融化，長出苔蘚植物。長出苔蘚植物的區域稱為凍原。

影像提供／日本國立極地研究所

▲凍原，地表的冰會在夏季融化，孕育植物。

▲泰加林，特色是樹幹筆直修長。

儘管北極環境十分嚴寒，但仍然生長著大約九百種植物，其中三分之二是北極特有種，其他地方看不到。

北極最具代表性的植物之一是仙女木。最初由日本人須川長之助發現並採集樣本，因此日本人將其取名為「長之助草」。仙女木的花枯萎後，會形成如蒲公英的絨球棉絮，種子隨風飛揚，是其特色所在。

山蓼富含維他命C，由於北極居民容易因缺乏維他命C引發壞血病，因此常用山蓼來治病。

各位不妨也動手調查看看，北極還有哪些不同的植物吧！

▼仙女木。花瓣是白色的。

▼山蓼。含豐富維他命C。

影像提供／日本國立極地研究所

特別專欄

為何北極在地圖上方？

通常繪製地圖時，上為北方、下為南方。這是源自希臘時代「小熊星座的方向是北方」、「相反方向是南方」的說法，希臘人將其居住的北半球畫在地圖的上方，就此沿用下來。不過，澳洲有禮品店販售南方在上的地圖。

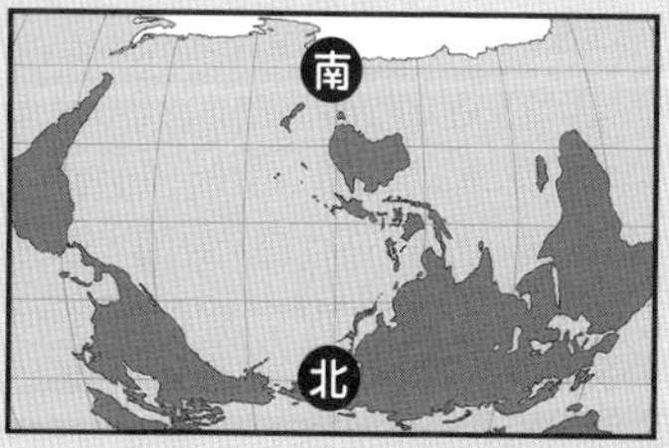

插圖／加藤貴夫

令人詫異的南極與北極不同之處

格陵蘭是什麼樣的地方？

影像提供／日本國立極地研究所

▲從高空拍攝格陵蘭海岸一帶的地貌。

格陵蘭是北極具有代表性的地區之一，面積兩百一十七萬平方公里，是日本北海道的二十六倍，也是全球最大的島嶼。請參照第一五二頁地圖，其大部分都在北極圈裡。

格陵蘭超過八成的地區被冰床覆蓋，冰層高度達三千公尺。不過，與南極相較，規模較小，很容易受到地球暖化影響而融化。當陸地上的冰融化，就會導致海平面上升。科學家想到預防海平面上升的方法，就是遏止地球暖化現象。

西元九八二年，維京探險家紅鬍子艾瑞克首次發現格陵蘭島。當時有一段時間氣候較暖，沿岸長出綠色植物，因此艾瑞克將它取名為「Greenland」，表達「綠之國」的意思。目前約有五萬六千人居住在格陵蘭島上，其中百分之八十三是因紐特人。

此外，和格陵蘭同樣位於北極圈的冰島雖然氣候較為溫暖，卻被取名為「Iceland」（冰之島）。這是因為在西元八六五年發現該島時，地球正值寒冷期，島上覆蓋著一層厚厚的冰所導致。當時挪威人曾經試著移居冰島，但受不了嚴寒氣候而作罷。十年後捲土重來，終於成功移居冰島。

若從現在的氣候與植物生長狀況來考量，格陵蘭應該稱為「Iceland」，冰島反而較適合「Greenland」之名。

了解北極的環境變化吧！

這一節一起來看看北極的環境變化，首先是地球暖化與冰。北極附近的暖化速度是地球整體平均速度的兩倍左右，過去三十五年，夏季時期的海水面積減少了三分之二。

左圖是二〇〇五年到二〇〇七年之間，格陵蘭附近海冰的減少示意圖。根據各種觀測數據進行的研究，未來北冰洋的海冰仍呈現減少趨勢。

插圖／加藤貴夫

▲2007年的海冰分布（白色部分）。粗線圈起的範圍在2005年時還有海冰。

另一方面，南極海冰逐漸增加中。雖然北極海冰整體呈現減少趨勢，但某些區域的海冰面積幾乎沒變。因此，地球暖化是否真會導致海冰面積減少，仍需科學家進一步研究。

此外，雖說海冰融化不是一件好事，但海冰減少可以促進北冰洋的資源開發，船隻也更容易航行，有其正面意義。

話說回來，地球暖化存在著許多問題，北極地區急速暖化也會透過大氣循環，為地球整體環境帶來極大變化。

此外，過去北極上空的氣溫比南極高，科學家認為這是因為北極臭氧層未被破壞所致。但近年來科學家也發現，北極臭氧層出現小型臭氧洞。

為了避免影響地球環境，我們都應該在生活中力行環保，盡一切努力維護大自然。

特別專欄

一起來做實驗！

北冰洋的海冰融化海平面就會上升？

當陸地的冰融化，海平面就會上升；若是海裡的海冰融化，結果將會如何？只要準備杯子、冰塊和水，就能在家裡做實驗。請準備兩個杯子，其中一個讓冰塊漂浮在水中，另一個不裝水，加滿冰塊，等冰塊融化後，看看結果如何？順帶一提，北冰洋的海冰是漂浮在水裡的。

插圖／加藤貴夫

聖誕明信片

這是什麼？
快樂學習 數學
快樂學習 理科
快樂學習 社會
快樂學習 國語
聖誕節禮物啊，這些都是對你有益的書，有空多讀幾遍吧。
我想要的是遙控車……
而且聖誕節是明天吧？
今晚我要去朋友家打麻將……
這世界已經變得一點夢想都沒有了。
是啊……
記得小時候真的好快樂喔……
沒錯，為了等聖誕老公公，一直撐著不睡覺。
結果每次都會等到睡著……
等醒來之後，禮物就出現在枕頭旁邊了。
我想那種快樂已經無法再感受得到了……

那可不一定喔？
「聖誕明信片」。
明信片
北極〇號
聖誕老公公收
寫好住址、姓名以及想要的禮物後投到郵筒裡，聖誕夜時聖誕老公公就會送禮物過來。
又來了。
就算我再怎麼笨，也不會相信的，我又不是小孩子……
ヒラ
※揮
哼！算了，
我又沒有要你一定得相信不可，不信也沒關係。
…………
…………
反正本來就不可能實現。
キョロ
キョロ
※東張西望
※投入

Q

北極的冰山主要在哪個地方形成？①阿拉斯加 ②俄羅斯 ③格陵蘭

ギロ
ギロ
※睡不著
ムクリ
※起身
你在幹什麼？
三更半夜還在把窗戶打開？
沒什麼啦～
果然是騙人的！
虧我還真的把明信片寄出去，真是愚蠢……
シャン
シャン
※鈴、鈴、鈴、鈴

A ③格陵蘭。北極的冰山主要是從格陵蘭流入海中的。

※鈴、鈴、鈴、鈴
你是大雄嗎？
是、是的。
※鈴、鈴
這是你要的遙控車。
哇——我不會是在作夢吧!?
什麼嘛~結果你還不是把明信片寄出去了。

勇闖南極冒險號Q&A

Q

淡水的冰點是攝氏零度，那海水的冰點呢？①攝氏一點八度 ②攝氏零度 ③攝氏零下一點八度

A ③攝氏零下一點八度。含有鹽分的水，冰點溫度較低。

今年沒拿到想要的禮物。
我也是。
可能是今年不景氣吧。
真可憐。
沒辦法呀，聖誕老公公只帶積木來……
不要、我不要，人家要三輪車！
對了!!
不要只有我一人開心…
帶著剩下的明信片……
坐上「時光機」，
回到昨晚。

今晚就是聖誕夜了……
好期待喔。
我希望這次可以拿到相機。
我想要手錶。
我想要溜冰鞋。
※著地
太期待反而會失望喔。
我早就已經跟爸爸說好了！
別說些討人厭的話！
跟爸爸說是沒用……
得跟聖誕老公公說才行。
把願望寫在明信片上，然後再投入郵筒，
今晚就能收到禮物了。

勇闖南極冒險號Q&A

Q

漂浮在北冰洋裡的海冰是雪累積而成的。這是真的嗎？

A 假的。海水結成的薄冰漂浮在海面，使周遭海水陸續結凍，最後形成海冰。

不相信就算了。
你想要三輪車是吧？
你怎麼知道的？
把願望寫在明信片上，
然後投到郵筒裡。
哇啊，可以寫信給聖誕老公公耶！
小孩子真是天真。
聖誕老公公，
一定會來的！
非常謝謝你。
全都發完了。

Q 以前伊莉莎白女王為了捕獲「一角鯨」付多少酬金？①一百英鎊 ②一千英鎊 ③一萬英鎊

假如大家看到真的聖誕老公公，一定會很高興吧？
我這樣也算做件好事吧。
你跑去哪裡了？
呵呵呵，這是祕密。
不知道大家會有多高興，
去看看吧。
咦？
人家都說想要三輪車！
聖誕老公公來過吧？
好像沒來耶……
好奇怪……
難道昨晚明信片沒寄到北極去嗎？
走來走去的…
你到底在幹嘛啊？

※抖抖

回到昨晚的北極去看看吧。
哈啾！
ブルブル
什麼嘛～這裡根本就沒有聖誕老公公的家。
即使寄了明信片，也不可能送到這來。
果然是騙人的！
哆啦A夢！
大雄!!

A ③ 一萬英鎊。換算成目前的台幣，差不多三十多萬。

沒經過我的允許，就隨便亂用明信片！
奇怪……
怎麼都寄到家裡來？
因為沒貼郵票啊！
那就貼上郵票啊。
瞧你說得那麼簡單，郵票可是很貴的。
我只是為了讓你高興，才去買一張郵票的!!
「聖誕明信片」到底是什麼？
其實那是向二十二世紀的百貨公司，訂購玩具的明信片啦！
北極有百貨公司的送貨中心，所以聖誕夜的時候，聖誕老公公機器人就會送禮物到各家去。
怎麼辦？有這麼多訂單……
「我要棋盤」、
「我要音樂盒」、
「我要相機」、
「我想要手錶」、
「我要溜冰鞋」。
奇怪？

勇闖南極冒險號Q&A

Q 地面全是永凍土的凍原地帶幾乎沒有動物。這是真的嗎？

A 假的。永凍土的表層在夏季融化，促使植物生長，接著便吸引吃植物的植食動物，和吃植食動物的肉食動物聚集。

什麼嘛～小夫他們也寄了。
還敢笑人家愚蠢……
要是胖虎知道被騙，一定會很生氣…
而且那些小朋友們會有多失望！
嗚哇～怎麼辦？
我也不知道怎麼辦才好啊？
誰叫你要這麼亂來……
自己做的事自己負責。
真冷淡……
好吧！
我會負起責任的！
我一定會負責的!!
負起責任…
大雄要怎麼負責啊？

跑出去後就沒有回來……
到底去哪裡了？
天已經黑了。
我也說的太過分了。
這麼晚還不回家！
讓父母這麼擔心!!
大雄!!
※罵個不停
ガミガミ
ガミガミ
ガミガミ
這是什麼？
壞掉的玩具？你從哪裡弄來的？
我到處去找的，還有去垃圾場挖的。
「時光布」借我。
喔喔～原來如此。

勇闖南極冒險號Q&A

Q 因紐特人的冰屋與日本的雪屋是以同樣方式做成的。這是真的嗎？

這麼一來，就能變成新的了。
好了。
但還是缺很多東西…
再出去找找吧。
等等！
我也來幫你吧。
哆啦A夢！
這些是去百貨公司用「奇妙鏡」複製出來的東西。
既然要做就徹底的做好吧！
到北極去，然後扮成聖誕老公公，再搭雪橇去送禮物吧！
哆啦A夢也覺得很好玩對不對？
還好啦。

A 假的。冰屋是堆積雪磚而成，雪屋是先用雪堆一座小山，接著在中間挖洞做成。

大家要的東西都齊了嗎？
都收齊了。
接下來，只要送給大家就好了。
出發囉～
去日本！
那是經過北極的飛機耶！

Q 聖誕老人的故鄉在哪一國？①挪威 ②瑞典 ③芬蘭

A ③芬蘭。一九二七年，芬蘭廣播公司在節目中宣布，「耳朵山」是聖誕老人的正式住居。

孩子們一定等不及了吧？
先從這家開始吧。
沒有煙囪耶，
怎麼進去啊？
「穿透環」。
スポ
※吸入

※咚
ストッ
什麼嘛～一個人也沒有。
不行！
我不要、我不要，我要等聖誕老公公來才上床睡覺。
如果不乖乖聽話，聖誕老公公就不會來喔！
是真的聖誕老公公嗎!?
我是剛剛才從北極來的喔！
這是你要的釣魚玩具。

勇闖南極冒險號Q&A

Q 公馴鹿和母馴鹿的頭上都有角。這是真的嗎？

哈啾～～
怎麼去這麼久啊……
到底在幹嘛？
嗯……我又輸了。
真不甘心，再來一次！
真是抱歉。
禮物放著就要馬上回來喔！

A 真的。鹿科動物中只有馴鹿無論公母的頭上都有角。

東西還真多，
開始覺得
好累喔。
還
送不到
一半呢！
今晚還
真冷耶。
真想趕快
鑽進溫暖的
被窩裡。
呼啊～
好睏…
剩下的
明年
再送好嗎？
我送
就是了。
我知道
為什麼要叫
聖誕老公公了。
因為這工作
太辛苦了，
才會變老。
別再抱怨了，
天就要亮了!!

勇闖南極冒險號Q&A

Q 觀測隊員在北極從事氣象觀測與水深調查時，有時會在流動的海冰上進行。這是真的嗎？

我這麼辛苦送東西給大家，
這傢伙竟然睡得這麼甜!?
給我起來!!
聖誕老公公?
不會吧……
我送相機來了……
跪在地上跟我說三次謝謝…
謝謝、謝謝、謝謝。
謝謝…
?
?
?
天馬上要亮了。
看到大家這麼高興，辛苦總算有代價了。

A 真的。由於北極點附近沒有陸地，有時會在海冰上的「漂流站」進行研究。

我爸爸買了名貴的手錶送我……
我也是。爸爸也勉強買了這個給我。
我想沒有其他小孩像我一樣，擁有這麼好的相機吧！
那些是聖誕老公公給的吧？
對了，我昨晚做了一個奇怪的夢。
我也是！夢到硬要我道謝的聖誕老公公。
跟大雄長得一模一樣！
真的變成沒有夢想的世界了。

自古北極就與人類息息相關！

原住民的生活不斷在改變？

南極原本沒有住人，現在只有基於研究和探險等原因短暫居住的觀測隊與遊客。另一方面，北極自古就有超過十個民族居住。

其中最有名的是因紐特人，他們以狩獵馴鹿、鯨魚和海豹維生。這些動物不只是因紐特人的食物，為了在極地生活，他們還會將獵物脂肪做成燃料使用，剝下獵物的毛皮製成衣服禦寒，將獵物從頭到尾的使用，完全不浪費。

南極的海豹與企鵝不怕人，但居住在北極的人會獵捕動物，因此牠們一看到人類就會逃。在南極與北極，動物和人之間的關係截然不同。

事實上，北極原住民的生活方式也不斷在改變。大多數人都已經移居都市，狩獵使用的雪橇和魚叉變成雪上摩托車與來福槍。不僅如此，以前因紐特人會用雪做冰屋，現在則只有在狩獵期間才會居住。

影像提供／ Ansgar Walk

▲ 騎著雪上摩托車、手持來福槍進行狩獵的加拿大因紐特人。

▲ 用雪做的傳統房子「冰屋」。

影像提供／ Ansgar Walk

特別專欄　聖誕老人真有其人？

與北極有關的故事最令人津津樂道的就是聖誕老人。相傳在四世紀，有個人在現在的土耳其不斷創造奇蹟，從煙囪丟錢到貧困人家裡。這就是聖誕老人的起源。

後來，這則故事在 1927 年流傳到美國，將該名人物的故鄉設定在北極，因此現在美國人只要提到聖誕老人就會聯想到北極。

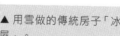

人類也要與北極和平共存！

那是經過北極的飛機耶！

南極是所有地球人的，那麼，北極呢？

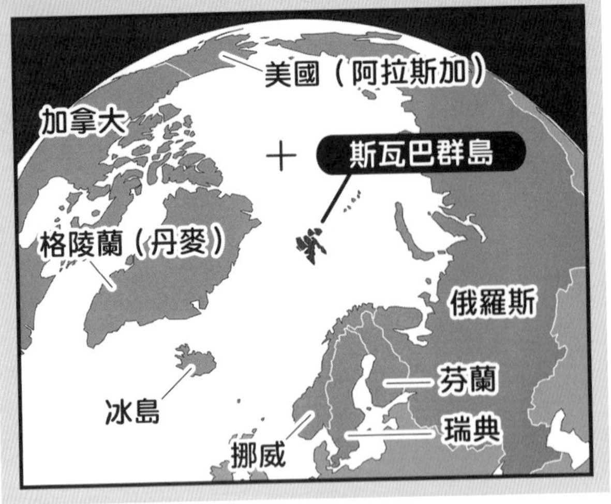
美國（阿拉斯加）
加拿大
斯瓦巴群島
格陵蘭（丹麥）
俄羅斯
芬蘭
瑞典
冰島
挪威

插圖／加藤貴夫

南極因為受到《南極條約》的保護，任何國家都不得宣示主權。那麼，北極是否也有相同規範？北極雖然有「北極理事會」，但主要在處理環保議題，並未規定領土問題該如何解決。話說回來，北極大部分地區沒有陸地，只有「海」，因此適用聯合國海洋法公約等與海洋有關的條約。

誠如上方地圖所示，北冰洋的沿岸有美國（阿拉斯加）、加拿大、俄羅斯、丹麥（格陵蘭）、挪威等五個國家。上述五國加上芬蘭、冰島和瑞典，共八個國家稱為「北極圈國家」，各國都有自己的領土與領海。不過在冷戰時期，美國與俄羅斯（前蘇聯）爭奪北極圈主權的競爭相當激烈。二〇〇七年，俄羅斯在北極點附近的海底掛國旗，主張領海權，但並未受到聯合國認可。

北極圈內蘊藏全球尚未開發的天然氣資源，比例高達三成，還有百分之十三的石油資源，未來世界各國很可能會在北極圈引發資源大戰。

挪威的領土斯瓦巴群島是北極圈內唯一和平利用的地方。第一次世界大戰後，一九二〇年簽訂《斯瓦巴條約》規定不可挑起戰事，所有簽署條約國的公民皆可以在此活動。根據這項規定，俄羅斯與挪威都有在斯瓦巴群島挖掘煤炭。

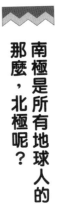

在北極進行研究也不輕鬆！

與南極一樣，科學家也在北極進行著各種研究工作。在一九九〇年還成立了「國際北極科學委員會」（IASC）。

斯瓦巴群島有一個國際觀測村，包括日本國立極地研究所與日本海洋研究開發機構，都在日本的北極觀測基地從事觀測和調查。聽說只要一出村子，必須隨身攜帶來福槍，避免成為北極熊的食物。在極地進行研究，不只要做好禦寒工作，還要避免遭到動物攻擊。

影像提供／日本國立極地研究所

▼位於新奧勒松的日本觀測基地。

與北極有關的日本研究機構

- **日本國立極地研究所（NIPR）**
  主要從事南極與北極的研究。
- **日本海洋研究開發機構（JAMSTEC）**
  實施北半球寒冷圈研究計畫，觀察海洋、雪、冰與大氣。
- **日本宇宙航空研究開發機（JAXA）**
  根據地球觀測衛星的長期計畫，提供北極圈海洋和陸地資料。
- **阿拉斯加大學國際北極研究中心（IARC）**
  美日共同從事北極氣候變遷的研究。

北極其實很好玩？

與南極相較，北極離日本較近，只要乘坐民用航空機就能抵達，一般人也能輕鬆前往。目前也有旅行社推出到北極點旅遊的兩週觀光行程。

此外，若是在北極圈內旅行，還有許多觀光景點。例如到瑞典可以住用冰與雪打造而成的冰旅館，享受在攝氏零下五度的室內過夜的感覺。冰旅館內連床鋪都是用冰與雪做成的，但同時也準備了馴鹿皮草和極地專用睡袋，無須擔心凍死（笑）。

另一方面，阿拉斯加還有溫泉，到了晚上可以欣賞極光；還可在北極點附近跑北極馬拉松，體驗在海冰上跑步的感覺。不過，若要參加這項行程，務必要有手持來福槍的工作人員陪同，才能避免被北極熊吃掉。

▼在阿拉斯加的珍娜溫泉渡假村，可一邊泡露天溫泉，一邊欣賞極光。

插圖／佐藤諭

剩下的
明年
再送好嗎？

北極對日本人很重要？

發生在北極的事情也會影響日本人的生活！

跟南極比起來，北極離日本較近，因此發生在北極的事情很容易影響日本人的生活。

首先是氣候。當北極點附近的氣壓上升，緯度較低的地區（亦即地圖下方）氣壓就會下降，反之亦同。這個現象稱為北極振盪。簡單來說，當北極附近的氣壓變低，日本就會出現暖冬；當北極附近的氣壓變高，日本就會出現寒冬。

插圖／加藤貴夫

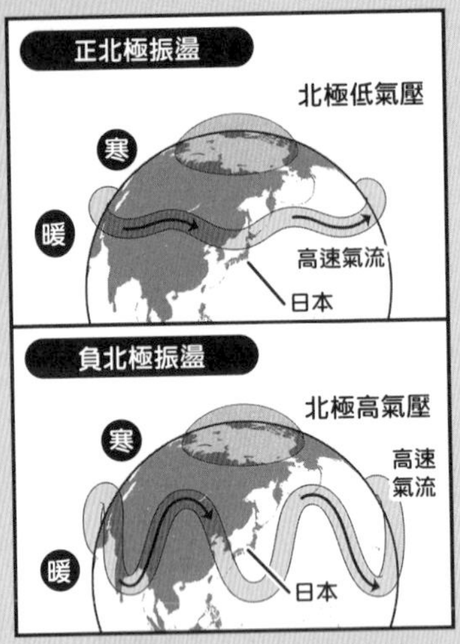
正北極振盪
北極低氣壓
寒
暖
高速氣流
日本
負北極振盪
北極高氣壓
寒
暖
高速
氣流
日本

在正北極振盪（北極附近與南方地區的氣壓差距較大）現象下，日本出現暖冬；負北極振盪時，日本出現寒冬，且可能創下最嚴重的豪大雪紀錄。

此外，北極海的冰也與日本人的生活息息相關。舉例來說，如果日本要用船運送貨物到荷蘭，通常會選擇通過蘇伊士運河，但如果能走北冰洋航線，距離將可縮短四成左右。蘇伊士運河的航線容易受到中東情勢影響，印度洋和麻六甲海峽海盜猖獗，北冰洋航線完全沒有上述問題。

值得注意的是，只有融冰時期才能通過北冰洋，加上沒有完整的航線標示與航海圖，想要順利通過更是難上加難。為了解決這個問題，現在有公司發射了超小型氣象觀測衛星，以協助船隻通過北冰洋。

未來需要人類一起思考，如何保護並利用北極，維持美好的地球環境。

▼通過北冰洋會比通過蘇伊士運河的距離更短。

北冰洋
北冰洋航線
荷蘭
日本
蘇伊士運河

插圖／加藤貴夫

地底國探險

勇闖南極冒險號Q&A

Q

日本正在推動富士圓頂基地以來第五座南極基地的興建計畫。這是真的嗎？

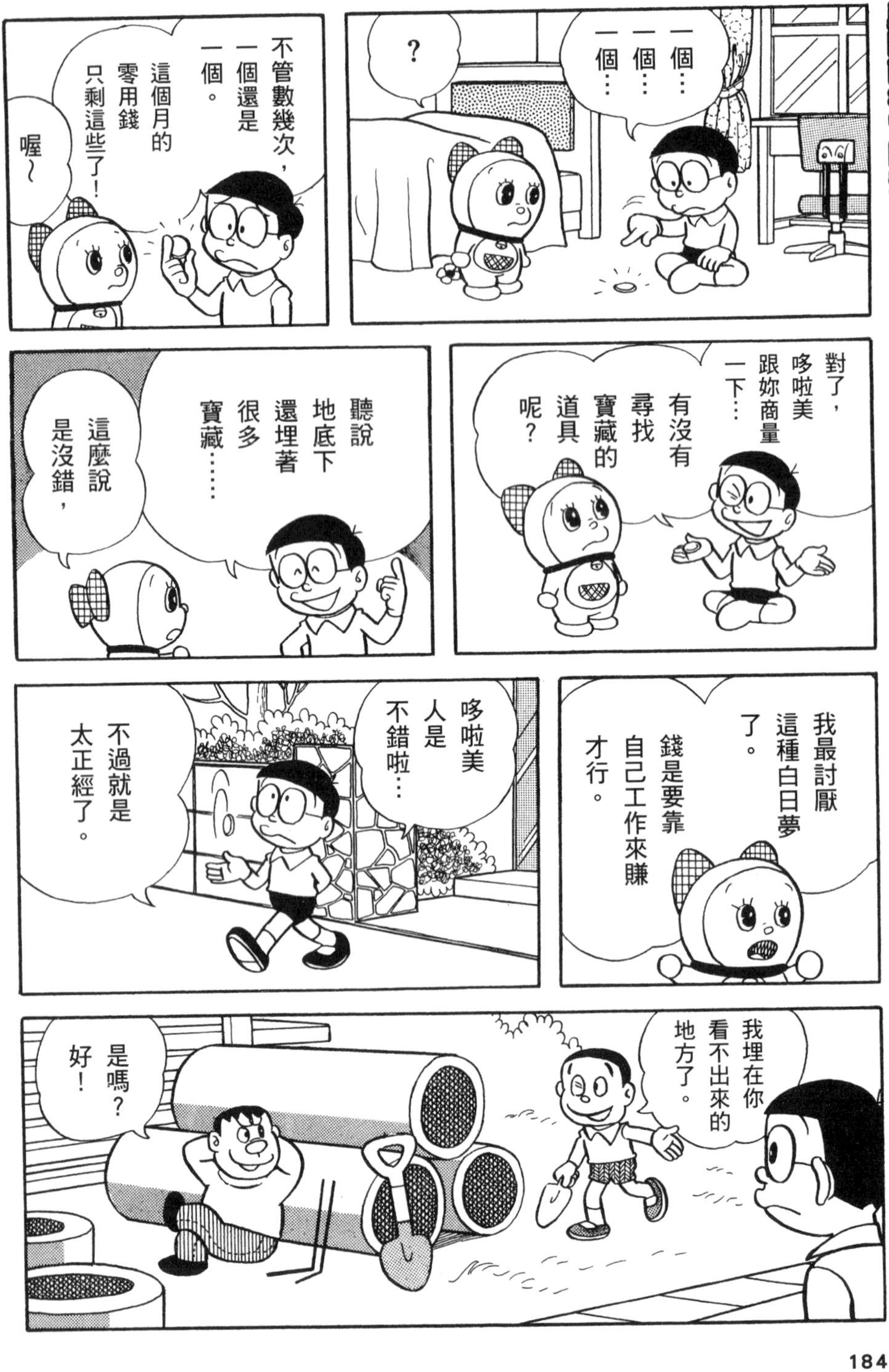
一個……
一個……
一個……
?
不管數幾次，一個還是一個。
這個月的零用錢只剩這些了！
喔~
對了，哆啦美跟妳商量一下…
有沒有尋找寶藏的道具呢？
聽說地底下還埋著很多寶藏……
這麼說是沒錯，
我最討厭這種白日夢了。
錢是要靠自己工作來賺才行。
哆啦美人是不錯啦…
不過就是太正經了。
我埋在你看不出來的地方了。
是嗎？好！

A 真的。日本政府已決定在離南極大陸沿岸約一千公里的內陸地區興建基地，以便鑽探冰床，調查地球過去的氣候變遷。

將彎曲的兩根鐵絲……
用那種東西真的可以找到嗎？
在這麼大的空地裡？
我想很難吧。
？
這樣拿著，然後慢慢走。
等著瞧。
這是什麼法術啊？
ピク
※震
分開了！
※咻
在這裡。
ザック
ザック
※挖、挖

你藏的就是這根鐵管吧？
答對了！
真厲害！
只要走到埋藏的地點，它就會自然分開，很不可思議吧！
哇哈哈哈！
傻瓜一樣，鐵絲怎麼可能會找到東西呢？
報紙有登!!
你看，就是這篇報導!!
只要拿起兩根鐵絲，就可以正確找出埋藏地下的東西。雖然是令人難以置信，但在武藏村山市裡，實際使用這個物品之後，發現對於水管工程有極大的幫助。
目前雖然尚未有明確的科學根據，但幾乎是屢試不爽，就連埋在地下六公尺的東西也可以找出來。
發現戰爭中的未爆彈（沒有爆炸而被埋在地下的炸彈），就是一個例子。
「不可能發生這種事……對於那些懷疑的人，首先歡迎你們來到現場觀看。」以上引用該市水利工程人員的談話。
三十公分
五十公分
兩根鐵絲必須水平拿著。
聲明啟事
本篇報導引用二月十七日的東京新聞。
作者

勇闖南極冒險號Q&A

Q 南極觀光客最多的那一年，上岸人數達到多少？①約一萬人 ②約三萬人 ③約五萬人

A
② 約三萬人。二〇〇七到〇八年觀光客最多，共有三萬兩千人到南極觀光。進入二十一世紀之後，觀光客人數急速成長。

好驚人喔!!
如果是真的，不就可以尋寶嗎？
我就是這麼想才實驗看看。
再試一次看看！我來埋這個一百圓硬幣。
好啊！
不可以看這裡喔！
※噠、噠、噠
來吧！我埋在哪裡呢？
交給我吧！
※踏噠、踏噠
トコ
トコ
テク
テク
テク
怎麼那麼久。
一百圓感應不到啦，如果是一萬圓的硬幣應該沒問題。
那是我的全部財產耶！
還給我!!

Q 紐西蘭推出招待青少年到南極基地旅遊的行程。這是真的嗎？

他罵我囉嗦，還揍我。
真是的！太暴力了！
我好不甘心埋在那裡的一百圓。
「尋寶線圈」。
那一百圓到底埋在哪裡？
詳細位置我也完全記不得了。
※指
就在這裡。
一百圓的模樣
有了
!!

A 真的。從一九七〇年代即已實施，真希望日本也有機會讓孩子到南極體驗極地生活。

當線圈發出聲音時，就表示發現埋在底下的東西。越大聲表示埋得越深。
不管多深都行嗎!?
那…那不就可以尋寶了嗎？
※指
※摩擦、摩擦、摩擦
馬上就想到那種事。
有什麼關係，又不會有什麼損失。
ゴシゴシゴシゴシ
ピョコ
哇啊～這是什麼啊!?
這個…好像是城鎮的形狀。
城鎮？
地底下有城鎮嗎？

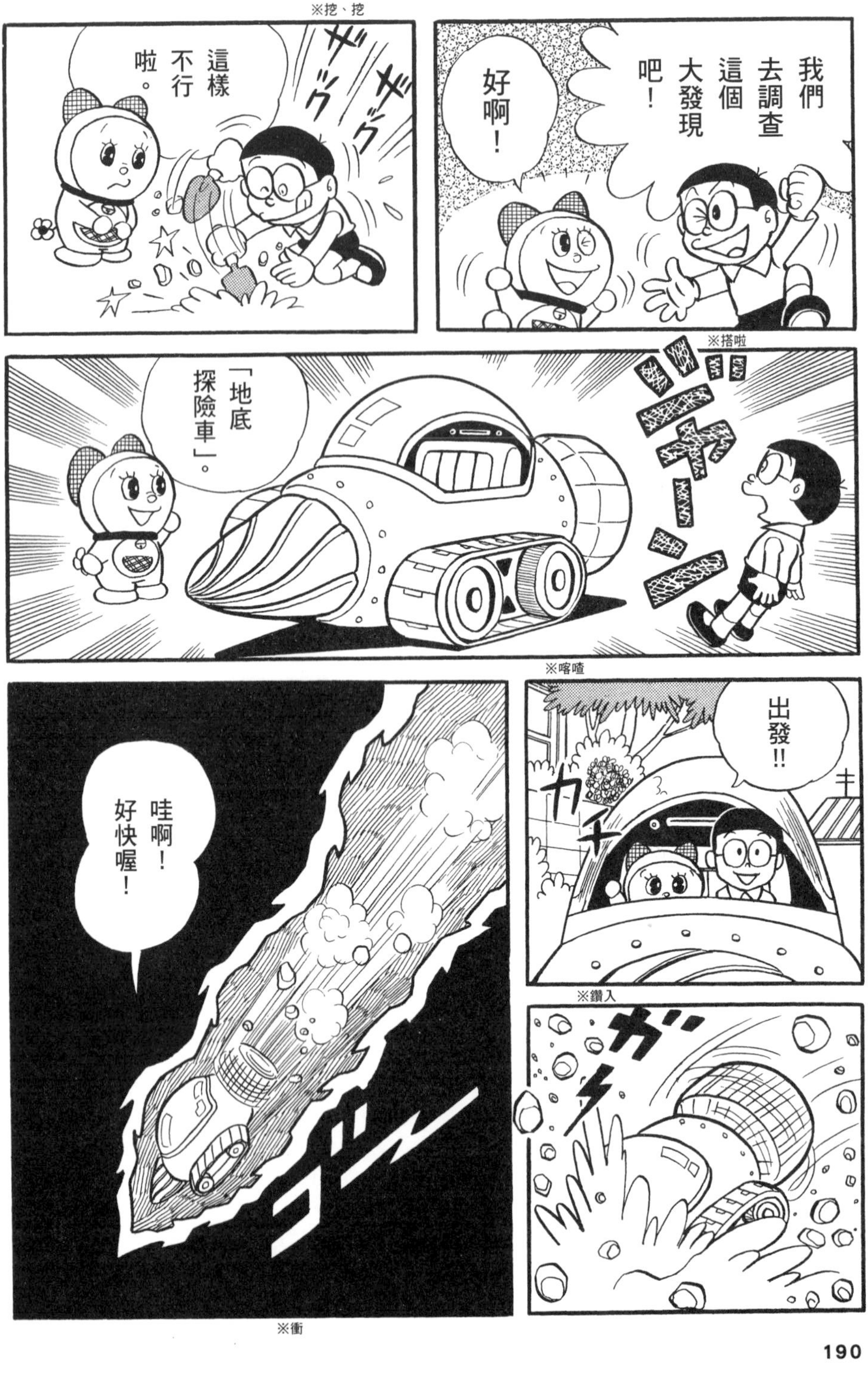
我們去調查這個大發現吧！
好啊！
※挖、挖
這樣不行啦。
※搭啦
「地底探險車」。
※喀喳
出發!!
※鑽入
哇啊！好快喔！
※衝

勇闖南極冒險號Q&A

Q 南極羅斯海設立了一處面積達一百五十五萬平方公里、全世界最大的海洋保護區。這是真的嗎？

A 真的。這是二〇一七年十二月新成立的海洋保護區，規定約七成的海域禁止從事任何漁業活動。

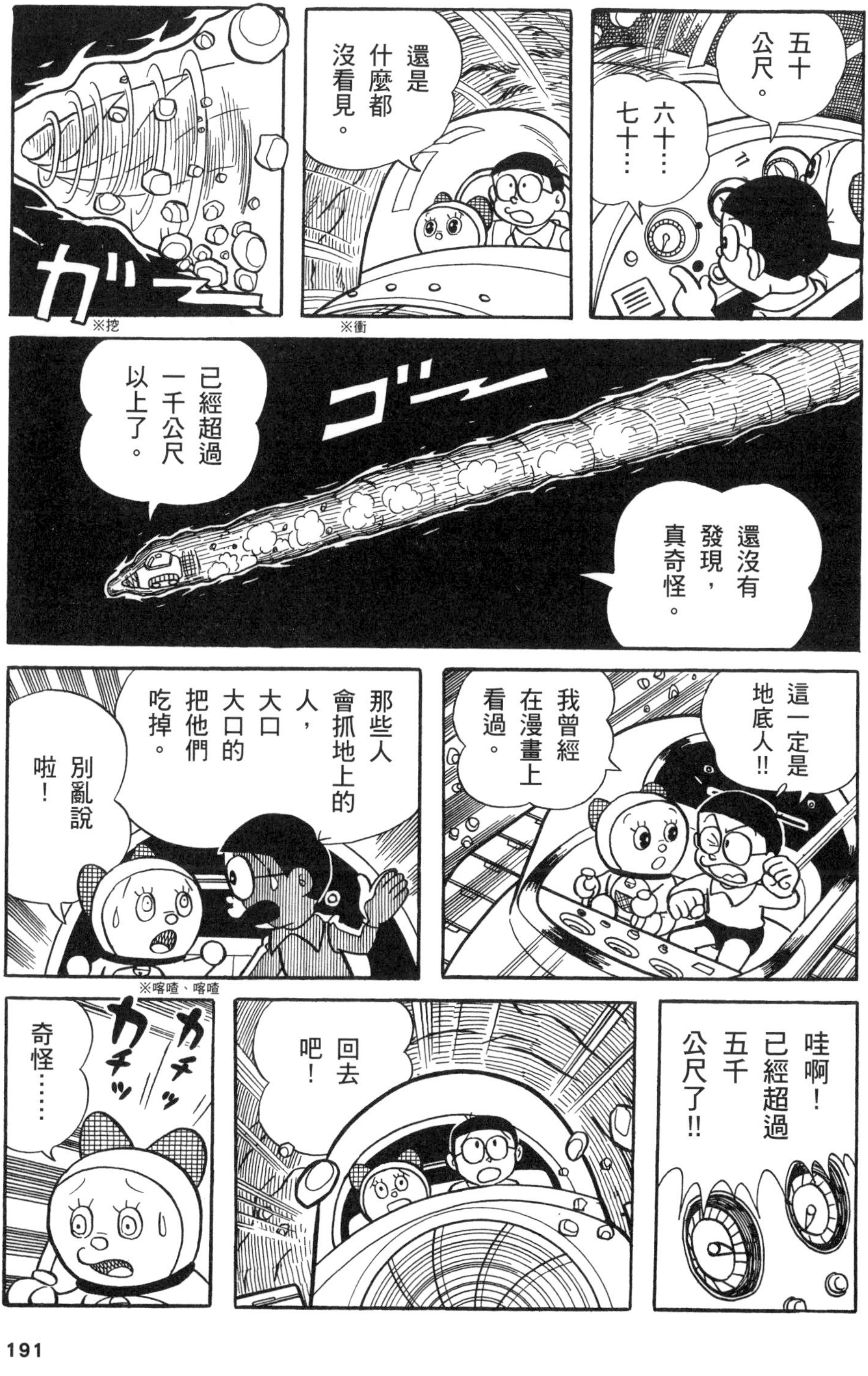
五十公尺。
六十……
七十……
還是什麼都沒看見。
※衝
ガーッ
※挖
ゴーッ
還沒有發現，真奇怪。
已經超過一千公尺以上了。
這一定是地底人!!
我曾經在漫畫上看過。
那些人會抓地上的人，大口大口的把他們吃掉。
別亂說啦！
哇啊！已經超過五千公尺了!!
回去吧！
カチッ
カチッ
※喀噠、喀噠
奇怪……

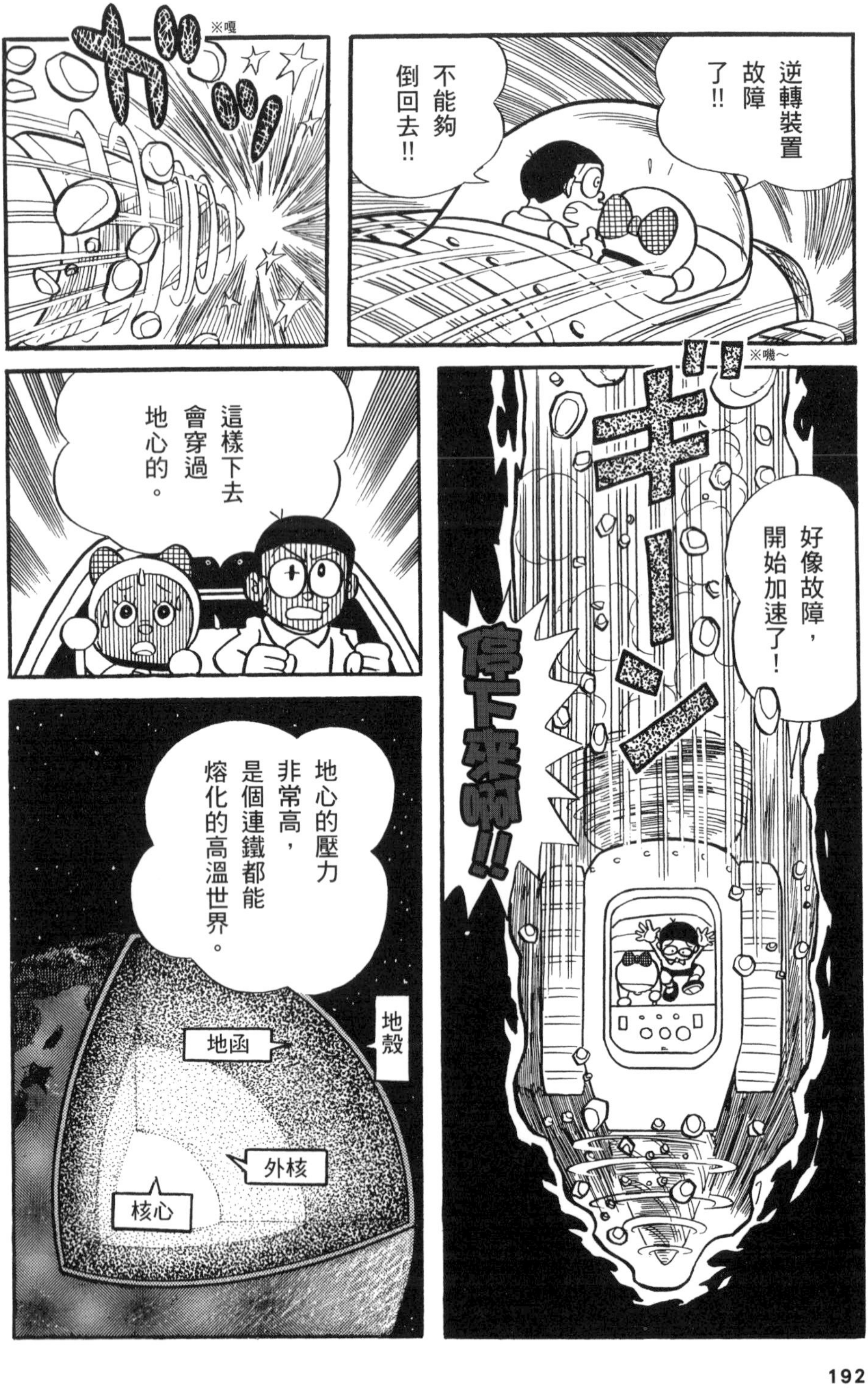
逆轉裝置故障了!!
不能夠倒回去!!
ガッ
※嘎
ギーン
※嘰～
好像故障，開始加速了！
停下來啊!!
這樣下去會穿過地心的。
地心的壓力非常高，是個連鐵都能熔化的高溫世界。
地殼
地函
外核
核心

Q 二〇〇〇年從南極羅斯冰棚分裂出的世紀最大冰山，面積比北海道還大。這是真的嗎？

A 假的。冰山面積大約一萬一千平方公里，北海道的面積約八萬三千四百平方公里。

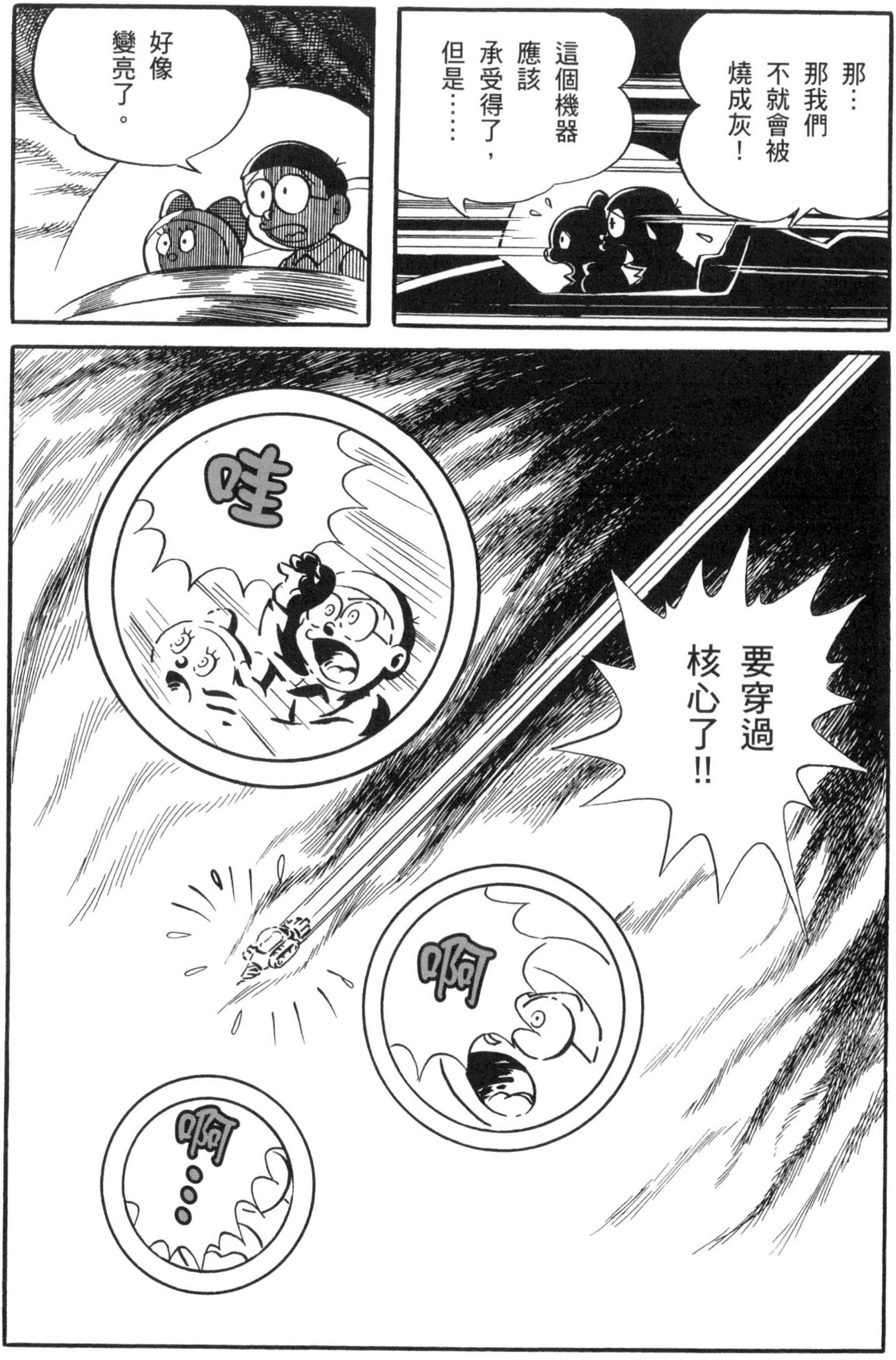
那…那我們不就會被燒成灰！
這個機器應該承受得了，但是……
好像變亮了。
要穿過核心了!!
哇
啊
啊…

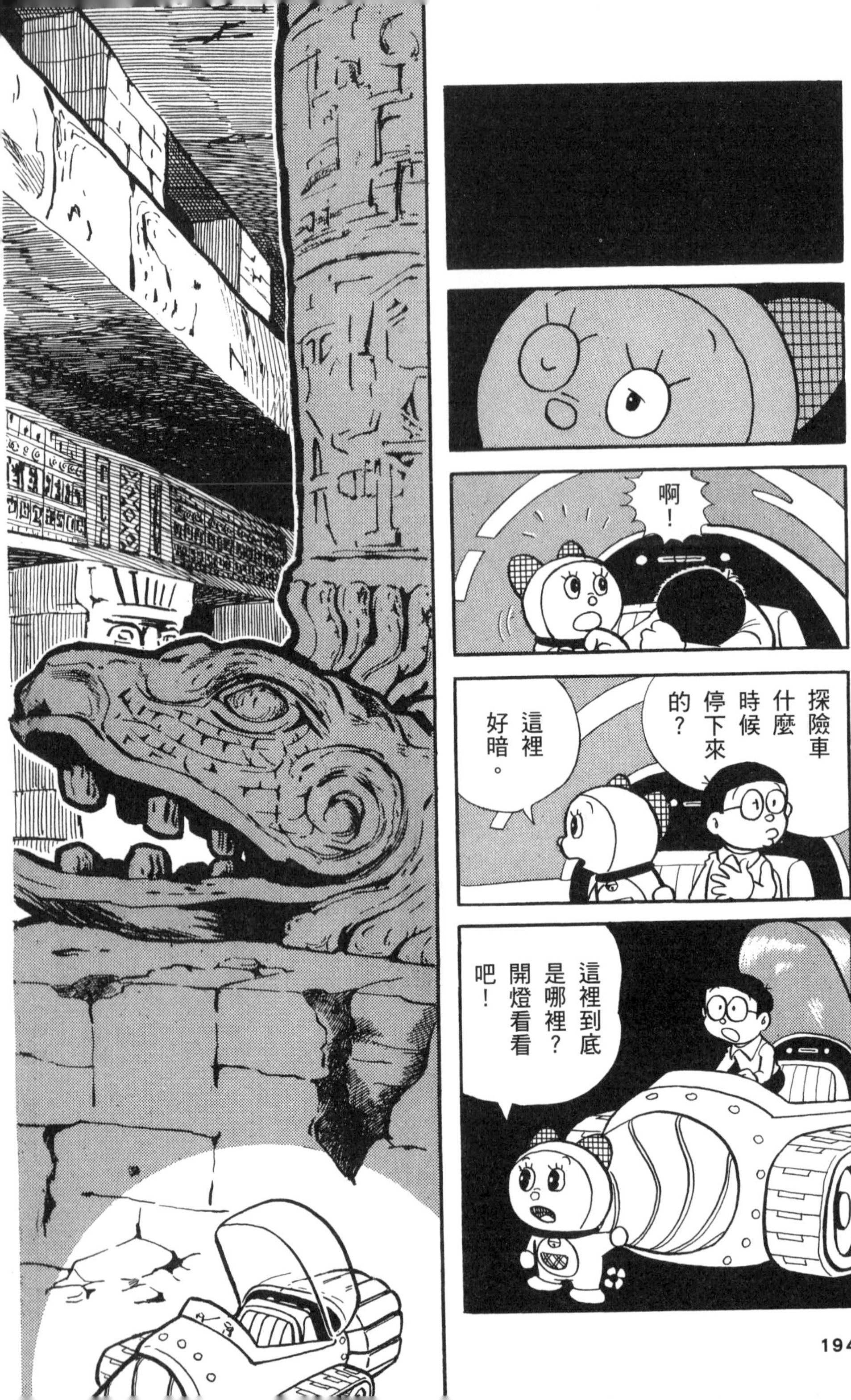
啊！
探險車什麼時候停下來的？
這裡好暗。
這裡到底是哪裡？開燈看看吧！

哇啊!!
地底大城市！

這一定是地底人的國家。
金字塔耶！看起來非常古老。
好像完全沒有人，大家都死了嗎？
那個洞是什麼啊？
!

勇闖南極冒險號Q&A

Q 主張南極大陸的一部分為自己國家領土的共有幾國？①一個都沒有 ②七國 ③十二國

你看那邊！
是被地底人吃掉的人。
哇啊！好可怕～
※嘰嘰嘰…
※咚、咚、咚
哇啊！快逃啊!!
※衝～

A ②七國。包括英國、法國、澳洲、紐西蘭、智利、阿根廷與挪威皆主張自己擁有南極部分地區的領土權。

哦！
好像發現了一千年前馬雅族的地底遺跡。
馬雅族是啥？
是從前在墨西哥創造偉大文明的一個民族。
好像有使用活祭品的野蠻習慣。
這就是照片。
唏!?
那我們是穿過地心到另一端去了……
上面寫著，探險隊在發現入口準備進入時，見到二個逃走的人影。
他們說「或許是地底人吧！」這不可能吧，哈哈哈哈……
カゼには
エビロート

南極面臨的環境變化

我們去調查這個大發現吧！
好啊！

昭和基地大氣中的二氧化碳濃度持續增加

二氧化碳會吸收地表釋放的紅外線，導致地球變暖，是溫室效應氣體之一，為地球暖化帶來極大影響。工業革命之前，大氣中的二氧化碳濃度只有280ppm（1ppm為0.0001％），且變化不大，十分穩定。後來隨著人類大量使用化石燃料，濃度越來越高。二〇一三年包括夏威夷觀測所在內，各地所檢測到的數值皆超過400ppm，令人擔心地球暖化會變得更加嚴重。

影像提供／三浦英樹

▲在昭和基地的觀測樓調查大氣中二氧化碳濃度的越冬隊員。

昭和基地從一九八四年起持續監測大氣中的二氧化碳濃度，離大肆開發的北半球較遠的南極，一直以來濃度都較低。沒想到在二〇一六年五月，昭和基地首次監測到超過400ppm的數值，證實人類活動已確實影響南極生態。如此一來，南極再也不是沒有環境問題的淨地，包括地球暖化在內，地球環境變遷將如何影響南極，是今後南極觀測的一大課題。另一方面，昭和基地為了減少對於環境的影響，興建內含太陽能集熱暖房設備的自然能源館，更引進風力發電裝置和新的汙水處理設備，致力於保護南極環境。

▼昭和基地的風力發電機。

影像提供／日本國立極地研究所

在南極調查地球的環境變遷

南極爲地球氣候帶來極大影響

地球是球狀的，不同緯度的地表所接收的太陽能量差距甚大。赤道等低緯度地區較多，南北極等高緯度地區較少。若熱能無法從低緯度移動至高緯度，赤道與極地的平均氣溫將相差攝氏八十度左右。不過，實際上只有大約四十度的差距，這是因為大氣與海洋會從低緯度地區將熱能運送至高緯度地區的關係，才大幅縮短了兩邊的差距。

海洋的溫鹽環流就是運送熱能系統之一。冷空氣會降低南極大陸周邊的海水溫度，形成海冰（此時大氣會從海洋吸收熱能）。由於冰是淡水，海冰下的海水鹽分濃度變高，重量變重的低溫海水就會往下沉，據說每秒會形成兩百噸以上的低溫海水。沉入海底的海水變成底層水，從大西洋、太平洋、印度洋的海底往赤道的方向前進。

在這個過程中，變重變冷的海水會吸收熱能，慢慢往上層攀升，就這樣縮小了高緯度地區和低緯度地區的熱能差距。這就是形成海水對流的溫鹽環流。同樣的，大氣也會在赤道以及極地之間循環，運送熱能。

若地球暖化導致南極的冰大量融化，沉重的海水變少，海水的下沉力道就會變弱，嚴重影響海水循環，極可能造成整個地球的氣候變動。就連日本的氣候也會受到海洋和大氣等地球規模的循環影響，與相距甚遠的南極和北極產生連動。

▶南極周邊的冰冷海水下降至海底，在全球海洋的底部環繞。

使用最新觀測儀器調查南極的高層大氣

日本的南極觀測隊近幾年特別致力於解開南極氣候與環境變遷之謎。誠如前頁所說，南極的任何變動都會透過大氣和海洋循環，為全球氣候系統帶來極大影響。因此，包括南極的大氣現象在內，釐清記錄在冰床裡過去的氣候變遷過程，就能從南極綜觀地球整體的氣候與環境變遷，掌握現狀並預測未來。

二〇一五年，昭和基地設置了南極最大的大氣雷達「PANSY雷達」。「PANSY雷達」是由一千零四十五根高達三公尺的天線所組成的最新雷達，可詳細觀測高度五百公里左右的高空大氣動態。活用這項技術，絕對能掌握南極大氣現象，預先知道全球的氣候變動。

影像提供／日本國立極地研究所

▲昭和基地設置的「PANSY 雷達」是南極最大的雷達，可詳細觀測南極高空的大氣。

特別專欄

挖掘冰棚下海底地質的「ANDRILL」鑽探計畫

冰床是積雪結冰所形成的，冰會依照時間順序封存許多物質，人類可以透過這些物質了解遠古時代的大氣環境。日本與歐美各國紛紛投入鑽探南極冰床，調查過去氣候變遷史的冰核鑽探計畫，日本成功鑽探 3000 公尺深的冰核，採集到大約 72 萬年前的冰層樣本。

南極沿岸地區的海底堆積物，被視為是記錄南極古老時代環境資訊的時空膠囊，成為科學家最新注目的焦點。沉積在海底的堆積物，蘊藏著過去數千萬年的歷史，就連南極冰床形成前的時代都有。國際南極海底鑽探計畫「ANDRILL」，預計從浮出海面的冰棚鑽探海底堆積物。只要調查堆積物，就能分析研究南極冰床與冰棚量的變動情形，和南極寒冷圈的氣候系統。遺憾的是，目前計畫宣告中止，尚未決定何時重新啟動。

▲設置在羅斯冰棚上的鑽探設備，右邊的白色建築物內有鑽探井。

影像提供／Peter Rejcek National Science Foundation

南極也成了觀光勝地？

地表覆蓋厚重的雪與冰，嚴苛的自然環境不適合人類生存，因此南極很長一段時間都沒有人煙踏足，可說是地球上僅存的最後祕境。南極至今還維持原生環境的模樣，保留了壯觀美麗的大自然景致。本書的最後一篇漫畫中，大雄搭乘地底探險車前往地底國探險。同樣的，人類也運用文明的力量，挑戰嚴苛的自然環境，設置基地，在南極從事各種調查與研究。南極不只是美麗的祕境，更完整保存地球誕生以來的所有歷史，而且也是反映地球環境變化的鏡子。我們可以在南極找到線索，了解地球的過去，預測與地球共存的人類未來。正因如此，科學家們才會如此關注南極。

另一方面，如今南極已成為著名的觀光勝地，許多觀光客踏上南極的土地遊玩。為了發展觀光業，世界各國無不利用文明的力量，推出主打各地祕境與邊境地區的旅遊行程，南極自然也不例外。在二〇〇〇年以前，每年前往南極觀光的旅客不到一萬人；邁入二十一世紀之後人數暴增，有一年甚至超過三萬人。儘管近年來人數略微減少，但也有兩萬五千名左右的觀光客到南極朝聖。不僅如此，觀光方式也越來越多樣化，旅客可以搭飛機從事觀光飛行，還能搭乘郵輪再轉乘小船，造訪觀測基地，欣賞南極大陸的企鵝，或是搭帳棚在南極過夜，各家旅行社紛紛推出引人入勝的旅遊行程。觀測基地裡還販售特產禮品，購買圖畫明信片，還能在基地內的郵局投遞，讓旅客將南極的回憶帶回家。

▲搭乘小船欣賞南極美景的旅客。

影像提供／讀賣旅行

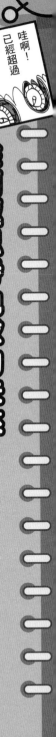

各國積極推動保護南極環境的活動

由於有越來越多觀光客到南極旅遊，不少人開始擔心這類行為會破壞南極的自然環境，影響動植物生態系，甚至阻礙科學調查與觀測活動。推出南極觀光行程的旅行社，嚴格要求員工和旅客遵守南極觀光守則，包括上岸前要洗淨鞋底，避免將細菌帶進南極，旅客不得撿拾南極的石頭或摘採植物回家、不得踩踏苔蘚植物，也不得企圖觸摸、靠近、驚嚇或餵食企鵝等生物，盡一切力量保護南極環境。此外，也嚴格禁止在南極亂丟垃圾，焚燒物品，或將寵物帶進南極。

為了保護南極珍貴的自然環境，一九九八年由各國共同簽署的《南極條約環境保護協定書》生效，遵守和平利用南極的《南極條約》原則，運用國際力量實施各種環保政策，包括維護動物與植物生態，防止海洋汙染，禁止開發礦物資源，保護並管理特別保護區等。

影像提供／渡邊研太郎

▲五十多個南極條約成員國齊聚一堂，定期舉辦國際會議。

特別專欄　在南極生活的人們

南極也有非研究專家的一般人士在此生活。智利主張擁有南極的領土權，在南極半島喬治王島上的智利基地旁，設置「星星小鎮」（Villa Las Estrellas）。居民以軍人和其家屬為主，鎮上還有公家機關、學校、醫院、郵局、銀行等設施。

夏季還有觀光旅館營業，興建飛機跑道，方便運送物資到島上，順便迎接觀光客的到來。基地附近有企鵝和海豹群棲息，是南極熱門的觀光據點。

▼矗立在南極點的南極條約創始國國旗。

影像提供／門倉昭

後記 嚮往極地之心

日本國立極地研究所．綜合研究研究所大學副教授
三浦英樹

東京都立大學理學博士。到目前為止，共參加過七次日本南極地區觀測隊。除了南極之外，也參與北極斯瓦巴群島、格陵蘭、喜馬拉雅山、北海道等地的研究計畫，調查最新地質時代第四紀的地形地質與環境變遷史。專業領域為自然地理學、地形地質學和第四紀學。

我第一次到南極是從日本搭船，途經赤道，前後共花兩個月才抵達目的地。這段旅程讓我經歷了熱帶的傾盆大雨，也在寧靜炎熱的夏夜，欣賞倒影在海面、如鏡子般澄淨的月亮，以及夜光藻形成的藍眼淚奇景。我們通過熱帶雨林的島嶼，島上有許多大型火山，就在經過氣候乾燥的澳洲大陸之後，有一天海象突然轉差，船身激烈搖晃，周遭風景也開始轉變，海冰陸續出現，將海面鋪成一片白，不久又恢復風平浪靜的狀態。我親眼看著船劃破海冰，勇往直前。

從直升機上俯瞰南極大陸，一望無際的白色冰層，只見到遠處裸露在地表的岩盤形成的條紋模樣，絲毫沒有樹木或土壤的存在。以前這裡是一大片南極冰床，夾帶著一顆顆大石頭，冰床融化後，留下大石堆積在岩盤上。

南極的夏季是太陽永不西沉的永晝，阿德利企鵝在這短暫的季節中孵育後代，群聚在一起築巢。遺憾的是，剛出生的小企鵝超過一半以上會在途中夭折。我們曾在冬天以鏟子挖掘企鵝巢穴，發現數千年來企鵝們在孵育後代的過程中，與死神搏鬥的痕跡。

有一年，營地突然吹起暴風雪，風速每秒四十公尺的強風將帳篷吹出了一個洞。我們只好緊緊裹著睡袋，任由暴風雪吹了三天三夜，一直等到風雪平靜才離開。

在氣候穩定的晴天，可以看到冰床上掛著一顆「倒立」的滿月。一想到這與我們在日本或赤道看見的是同一顆月亮，就覺得很不可思議，不禁讚嘆大自然的奧祕。永夜時期可同時看到從數萬光年遠的星星發出的光芒，與現在這一刻產生的極光，下一秒卻又

「巨大流冰」？
那塊流冰從去年的一月開始，從南極的海岸往北方漂流……長八十三公里，寬三十五公里，高度有三十公尺，比神奈川縣還大喔。

哇！好大啊！
這樣子怎麼吃都吃不完呢！

被雲遮住，這個現象提醒了我，剛剛看到的美麗光芒離我們更高更遠。

這些經歷讓我產生了以下的想法：

第一，在宇宙和地球空間中，「思考自己所處的地方存在的意義」。比起過去，我們現在隨時都能買到世界地圖與地球儀。當我們更了解地球，不會讓我們覺得地球變小了，反而讓我們深刻體會到地球上的每個地方都有自己的特色，也有各自的珍貴價值。

第二，地球上的每個地方都有其不同之處，也有不變的事物，讓人不由得「比較不同之處，思考產生差異的原因」。了解以自我為中心以外的世界，盡可能從與別人相通的看法與想法解讀事情。

第三，了解各個時代的岩石與地層，從化石掌握過去的風景與環境，重現生物的生活形態，就能跳脫人類活著的時間，「從漫長的時間洪流思考現在這個時代」。知道現在這一刻不是絕對的，讓另一個自己凝視活在現代的自己。

第四，我深刻感受到無論從時間或空間層面來看，大自然都與「所有的一切緊密相連」。真正的自然與社會無法像學校教育那樣分成自然課、社會課，而是彼此相連，充滿未解之謎。人類知道的事情不過是鳳毛麟角。隨著學問細分化、專業化，研究學者的視野越來越窄，完全看不見自己專業以外的世界。我們應盡可能理解大自然的整體面貌，才能避免坐井觀天，以狹隘的知識斷定事物。這是我深切的期待。

在南極生活的經驗，帶給我想像不到的改變，讓我思考從未想過的事情。

我小時候讀了許多書，那些書讓我嚮往遙遠的地方，帶給我心動不已的夢想。衷心希望本書也能成為一把鑰匙，為各位開啟邁向未知世界的第一扇大門。期待未來有一天，越來越多人能從實際發生的自然體驗有所啟發，深入思考。

最後，我要引用遠征北極點的探險家弗里喬夫．南森說的話，這段話最能代表在極地努力的勇者之「心」。

「厚重冰層與漫漫月光的極地之夜，在那裡的歲月就像是另一個世界遙遠的夢。一場夢出現了，過去了。但，若沒有這樣的夢，人生又有什麼價值呢？」

哆啦A夢科學任意門 16

勇闖南極冒險號

●漫畫／藤子・F・不二雄
●原書名／ドラえもん科学ワールド—— 南極の不思議
●日文版審訂／ Fujiko Pro、國立極地研究所
●日文版撰文／瀧田義博、窪內裕、丹羽毅、甲谷保和、芳野真彌
●日文版版面設計／ bi-rize
●日文版封面設計／有泉勝一（Timemachine）
●日文版編輯／ Fujiko Pro、杉本隆

●翻譯／游韻馨
●台灣版審訂／林家興

發行人／王榮文
出版發行／遠流出版事業股份有限公司
地址：104005 台北市中山北路一段 11 號 13 樓
電話：(02)2571-0297 傳真：(02)2571-0197 郵撥：0189456-1
著作權顧問／蕭雄淋律師

2017 年 8 月 1 日 初版一刷 2024 年 4 月 1 日 二版一刷
定價／新台幣 350 元（缺頁或破損的書，請寄回更換）

ISBN 978-626-361-494-9
遠流博識網 http://www.ylib.com E-mail:ylib@ylib.com

◎日本小學館正式授權台灣中文版
●發行所／台灣小學館股份有限公司
●總經理／齋藤滿
●產品經理／黃馨瑝
●責任編輯／小倉宏一、李宗幸
●美術編輯／蘇彩金

國家圖書館出版品預行編目 (CIP) 資料

勇闖南極冒險號 / 藤子・F・不二雄漫畫；日本小學館編輯撰文；游韻馨翻譯. -- 二版. -- 台北市：遠流出版事業股份有限公司, 2024.4
面； 公分. --（哆啦 A 夢科學任意門；16）

譯自：ドラえもん科学ワールド：南極の不思議
ISBN 978-626-361-494-9（平裝）

1.CST: 科學 2.CST: 漫畫

307.9 113000959

※ 本書為 2017 年日本小學館出版的《南極の不思議》台灣中文版，在台灣經重新審閱、編輯後發行，因此少部分內容與日文版不同，特此聲明。